Marcus Stolte

Wildnis in Natur und Landschaft

Naturethische Argumente für und gegen den Erhalt der Wildnis

Bibliografische Information der Deutschen Nationalbibliothek:

Die Deutsche Nationalbibliothek verzeichnet diese Publikation in der Deutschen Nationalbibliografie; detaillierte bibliografische Daten sind im Internet über http://dnb.d-nb.de abrufbar.

Impressum:

Copyright © Science Factory 2021

Ein Imprint der GRIN Publishing GmbH, München

Druck und Bindung: Books on Demand GmbH, Norderstedt, Germany

Covergestaltung: GRIN Publishing GmbH

Danksagung

An dieser Stelle möchte ich mich bei all jenen bedanken, die mich im Rahmen dieser Bachelorthesis unterstützt haben.

Ein besonderer Dank gilt meinen Betreuern Prof. Klaus Werk und PD Dr. Thomas Kirchhoff, die mir ermöglicht haben ein Thema zu bearbeiten, das im Studiengang Landschaftsarchitektur durchaus nicht üblich ist, meinen persönlichen Interessen aber sehr nahekommt. Darüber hinaus bedanke ich mich für ihre fachliche und persönliche Unterstützung, die mir während der gesamten Bearbeitungszeit sehr geholfen hat.

Außerdem möchte ich mich bei meinen Eltern bedanken, die mir durch ihre Hilfe mein Studium ermöglicht haben.

Danken möchte ich auch meinem Bruder und meinen Freunden, die mich während meiner Arbeit stets moralisch unterstützt haben.

Inhaltsverzeichnis

Danksagung III

Abbildungsverzeichnis VI

1 Einleitung 1

    1.1 Problemstellung 2

    1.2 Ziele der Arbeit 3

    1.3 Aufbau der Arbeit 3

2 Wildnis: Einst Bedrohung, nun Sehnsucht – eine Kulturgeschichte der Natur 5

3 Wildnistypen 10

    3.1 Berge 10

    3.2 Dschungel 12

    3.3 (Ur-)Wald 14

4 Argumentationsraum der Umweltethik 17

    4.1 Instrumentelle anthropozentrische Werte 18

    4.2 Eudaimonistische anthropozentrische Werte 18

    4.3 Theozentrische Werte 21

    4.4 Physiozentrische Werte 21

5 Argumente gegen Wildnis 25

    5.1 Instrumentelle anthropozentrische Werte 25

    5.2 Eudaimonistische anthropozentrische Werte 28

    5.3 Theozentrische Werte 34

    5.4 Physiozentrische Werte 34

6 Argumente für Wildnis **41**

    6.1 Instrumentelle anthropozentrische Werte 41

    6.2 Eudaimonistische anthropozentrische Werte 43

    6.3 Theozentrische Werte 54

    6.4 Physiozentrische Werte 55

7 Schlussbetrachtung **67**

Quellenverzeichnis **68**

Abbildungsverzeichnis

Abbildung 1 Grafische Unterscheidung zwischen Anthropozentrik und Physiozentrik .. 17

Abbildung 2 Werte der Natur 19

Abbildung 3 Grundtypen der Umweltethik 22

Abbildung 4 Grafische Einordnung der geläufigen Umweltethik-Konzeptionen 24

1 Einleitung

Besonders in heutigen Naturschutzdebatten taucht der Begriff Wildnis immer wieder auf. Während sie von der einen Seite bewundert wird und als unentbehrlich gilt, blickt die andere Seite ihr mit Abneigung und Misstrauen entgegen. Wildnis polarisiert und führt insbesondere im Bevölkerungsdichten Raum Mitteleuropas zu Konflikten und Auseinandersetzungen. Aber was genau ist eigentlich Wildnis und wieso gehen die Meinungen und Sichtweisen hierzu in der Bevölkerung so weit auseinander?

Der Begriff Wildnis ist ein sehr undurchsichtiger, der im Alltag von den Begriffen Natur und Landschaft kaum abgrenzbar und von unterschiedlichen, kulturell geprägten Bedeutungen beeinflusst ist (Brämer 2012, Kirchhoff/Trepl 2009: 14 f.). Da diese mit der Kulturgeschichte verbundenen Wahrnehmungsmuster unsere Sichtweisen mit der Zeit unterbewusst beeinflusst haben, ist eine ausschließlich subjektive Perspektive zu Wildnis gegenwärtig kaum noch möglich (Kirchhoff/Vicenzotti 2017: 314). Dennoch wird Wildnis heutzutage meist als Landschaftsformation angesehen, die vom Menschen weitgehend unbeeinflusst ist (Brämer 2012). Für die einen ist Wildnis der letzte Ort, der vom Raubbau der Natur noch nicht betroffen ist. Sozusagen eine Insel im Zeitalter der industriellen Moderne, auf die wir vor unserem eigenen Konsumüberschuss fliehen können und die sich von Kulturlandschaften, Städten usw. abgrenzt (Cronon 1995: 69). Andere sehen in Wildnis einen Ort der Bedrohung kultureller Ordnung, der sich wild, unkontrolliert und entgegen gesellschaftlicher Regeln und Ziele verhält (Kirchhoff/Trepl 2009: 22 f., 43). Nach Kirchhoff (2013) ist eine Gegend demzufolge „immer dann eine Wildnis, wenn wir ihr – bewusst oder unbewusst – die symbolische Bedeutung einer Gegenwelt zur kulturellen bzw. zivilisatorischen Ordnung zuweisen und dabei ihre Unbeherrschtheit betonen. Nicht die empirische Tatsache, dass ein Gebiet mehr oder weniger frei von Einflüssen des Menschen ist oder erscheint, macht es zu einer Wildnis, sondern dass es als Gegenwelt zur kulturellen bzw. zivilisatorischen Ordnung empfunden wird. Dafür genügt es, dass das Gebiet in *einer* für den Betrachter relevanten Hinsicht nicht vom Menschen gemacht oder beherrscht ist, oder zumindest erscheint" (Kirchhoff 2013).

Ähnlich der Begriffsbestimmung von Kirchhoff wird Wildnis vom Bundesamt für Naturschutz (BfN) als eine unbeeinflusste Naturlandschaft bezeichnet, die sich von Kulturlandschaften, Städten usw. abgrenzt. Wildnis ist hiernach ein „ausreichend großes, (weitgehend) unzerschnittenes, nutzungsfreies Gebiet, das dazu dient, einen vom Menschen unbeeinflussten Ablauf natürlicher Prozesse dauerhaft zu gewährleisten" (Finck et al. 2013: 342 f.). Vergleichbar legt sich die IUCN fest, die für die Ausweisung von Schutzgebieten eine international geltende Definition aufgestellt hat: Ein Wildnisgebiet ist nach der IUCN Kategorie 1b folgendermaßen definiert: „Protected areas that are usually large unmodified or slightly modified areas, retaining their natural character and influence without permanent or significant human habitation, which are protected and managed so as to preserve their natural condition" (IUCN 2017).

Auch wenn die Bedeutung des Begriffs Wildnis durch seinen alltagssprachlichen Gebrauch von dem jeweiligen „Menschbild bzw. Gesellschaftsideal und dem jeweils für diesen charakteristischen Begriff von Freiheit, Vernunft bzw. Ordnung" (Kirchhoff 2013) abhängt, ist doch besonders für die Ausweisung von Wildnisgebieten eine Definition gemäß der IUCN notwendig. Dennoch lässt sich aufgrund der unterschiedlichen Sichtweisen von wilder Natur eine klare Definition des Begriffs nur schwer herstellen. So wird Wildnis durch eben diese unterschiedlichen Naturauffassungen nicht als ein naturwissenschaftlicher Begriff verstanden, sondern als ein moralisch-praktischer (Kirchhoff/Trepl 2009: 18).

1.1 Problemstellung

Addiert man die Kernzonen der Nationalparks und Biosphärenreservate in Deutschland, kommt man auf weniger als 0,5 % der bundesweiten Fläche. Das ist der Anteil, der noch als Wildnis, in Form von unbeeinflusster Naturlandschaft, vorzufinden ist. Gleichzeitig wird mehr als die Hälfte der Gesamtfläche Deutschlands landwirtschaftlich genutzt. Ebenfalls wird ein sehr großer Teil der bundesweiten Waldfläche, die 30 % der Gesamtfläche Deutschlands entsprechen, in wirtschatflichen Sinne flächenmäßig beansprucht (Umweltbundesamt 2017, Piechocki 2010: 172).

In einem kulturlandschaftlich so dicht besiedelten Land stellt sich insofern die Frage, ob Wildnis, bei einem bereits jetzt so verschwindend geringen Anteil, für unsere Bevölkerung überhaupt von Bedeutung ist oder ob diese Zahl ein Appell an uns ist, die wilde Natur in erhöhtem Maße sich selbst zu überlassen? Ohne Zweifel führt eine Auseinandersetzung mit diesem Thema zu Meinungsverschiedenheiten und Akzeptanzproblemen in der Bevölkerung. Aus diesem Grund ist eine intensive Auseinandersetzung mit den Gründen und Argumenten, die das jeweilige Für und Wider repräsentieren unvermeidlich. Für überzeugte Naturschützer/innen sind die Gründe, die in diesem Fall zugunsten der Wildnis sprechen, beispielsweise mehr oder weniger selbstverständlich und bedürfen keiner weiteren Argumentation. Nun steht aber außer Frage, dass nicht alle Menschen diese Überzeugungen teilen und dementsprechend die Motivationsquellen für und gegen Wildnis, aus der entsprechenden Sichtweise, folglich sehr ausgeprägt oder wenig bis gar nicht vorhanden sind (Ott 2010: 8).

Die Grundfrage der Umweltethik (synonym: Naturethik) bildet in dieser Arbeit die Basis zu einer Auseinandersetzung mit dieser Problematik, die für eine Begründung der Argumente des Für & Wider Wildnis ausschlaggebend ist. Ob der Natur als Wildnis hierbei ein eigener moralischer Wert zugesprochen wird, oder ob sie nur für den Menschen durch eine traditionell anthropozentrische Sichtweise Berücksichtigung findet, bezieht sich ebenfalls auf die moralischen Fragen der Umweltethik. Der normativ richtige und moralisch verantwortbare Umgang des Menschen mit der belebten und unbelebten Umwelt gehört somit zum Kern der Arbeit.

1.2 Ziele der Arbeit

Ziel der Arbeit ist es, dem Leser einen umfassenden und interdisziplinären Einblick in das Für und Wider zum Thema Wildnis zu vermitteln. Hierbei soll unabhängig von der subjektiven Betrachtung das Pro und das Contra gleichermaßen verinnerlicht werden, um bezüglich des Kenntnisstandes in Konfliktsituationen eventuelle Akzeptanzprobleme anderer berücksichtigen und lösen zu können. Hierbei wird durch eine Analyse des Begriffs Wildnis im Laufe der kulturgeschichtlichen Wahrnehmung bis in die heutige Zeit hinein veranschaulicht, inwieweit unser heutiges Weltbild von diesen kulturellen Empfindungen beeinflusst ist.

1.3 Aufbau der Arbeit

Zu Beginn der Arbeit wird die Kulturgeschichte der Wildnis analysiert. Darauf aufbauend werden die unterschiedlichen Sichtweisen und kulturellen Bedeutungen im Laufe der Jahrhunderte aufgezeigt. Hierbei wird durch eine Analyse des Begriffs veranschaulicht, inwieweit unser heutiges Weltbild von diesen kulturellen Empfindungen beeinflusst ist und wie Wildnis zu ihrer aktuellen Bedeutung gelangt ist. Um die Bedeutung von Wildnis in unserer heutigen Gesellschaft nachvollziehbar zu veranschaulichen und die phänomenologischen Unterschiede aufzuzeigen, werden anschließend verschiedene Wildnistypen in ihrer Erscheinung und Charakteristika untersucht.

Die Argumente für und gegen Wildnis, die den Kern der Arbeit in den Kapiteln 5 und 6 darstellen, beziehen sich auf den vorher dargelegten Argumentationsraum der Umweltethik (Kapitel 4). Hierin werden die unterschiedlichen Werte der Natur, gemäß dieses Argumentationsraumes, in einer Unterteilung nach instrumentellen, moralischen, eudaimonistischen und theozentrischen Werten analysiert und für die Argumentation zu Grunde gelegt. Aufbauend auf diese Werte werden die Argumente des Pro & Contra entsprechend eingeteilt und in den darauffolgenden Kapiteln dargelegt.

2 Wildnis: Einst Bedrohung, nun Sehnsucht – eine Kulturgeschichte der Natur

Im Jahre 1846 wurde im Bayerischen Wald der letzte Wolf geschossen (Tourismusverband Ostbayern 2017). Auch in Rheinland-Pfalz und im damaligen Württemberg verschwanden die Wölfe im Laufe der nächsten Jahrzehnte, womit ein skrupelloser Ausrottungsfeldzug im 18. und 19. Jahrhundert sein Ende nahm. Dessen Hintergrund war ein abgrundtiefer Hass, der sich gegen Wölfe richtete. Der Wolf wurde als Symbol des Bösen angesehen und wurde mit zwangsläufigem Unheil in Verbindung gebracht. Wölfe verkörperten die dunklen Seiten des Menschen und wurden als blutrünstige Bestien abgestempelt, denen man Gefräßigkeit und Menschenmorde anhängte (Piechocki 2010: 163). Der Wolf wurde als Sündenbock und als Verkörperung der lebensbedrohlichen Wildnis angesehen. Jahrhundertelang galt die Wildnis als ein Ort des Bösen und der Wolf oder auch andere Großprädatoren wie Bären oder Luchse galten als gefährliche Auswüchse dieses beängstigenden Ortes. Wildnis war die symbolische Gegenwelt zur Zivilisation (Haß et al. 2012: 110 f.), die es zu kultivieren und deren gefährliche wilde Tiere es auszurotten galt. Es fand ein regelrechter Kampf gegen die Wildnis statt, womit sich die mittelalterliche negative Sichtweise wilder Natur noch bis in die Neuzeit fortsetzte (Piechocki 2010: 164 f.).

Wie aber kam es dazu, dass die Menschen im Mittelalter und der frühen Neuzeit freiwillig keinen Fuß in die Wildnis gesetzt haben, aber wir uns heute voller Sehnsucht nach Natur in wilde Abenteuer stürzen (Piechocki 2010: 163 f., Groh/Groh 1991: 92-94)?

Im folgenden Kapitel wird die europäische Kulturgeschichte der Natur als Wildnis der letzten 500 Jahre analysiert und auf die Sichtweisen in der Bevölkerung, von einer Gefahr bringenden Wildnis zu einer Sehnsucht nach Wildnis eingegangen (Hass et al. 2012: 107 f.).

Bis in die jetzige Zeit hinein sind im Laufe der Geschichte immer wieder neue Ideen und Sichtweisen zu Wildnis aufgekommen, die ihre Bedeutung in mancher Hinsicht bis heute behalten haben (Kangler/Vicenzotti 2007: 285).

In archaischen Zeiten wurde Wildnis in der Gesellschaft als ein Gegensatz zur moralisch kulturellen Ordnung angesehen. Wildnis galt als ein Ort des Schreckens, in dem beängstigende Kreaturen ihr Unheil trieben und anständige, zivilisierte Menschen sich nicht niederlassen konnten (Hass et al. 2012: 108, Piechocki 2010: 164). Wildnis war für die Menschen ein unbekannter Raum, von dem Bedrohungen ausgingen. Jenseits von Recht und Ordnung herrschte hier Gesetzlosigkeit und nur Menschen, die der Kultur nicht angehörten, wie Diebe, Geächtete, Verrückte und Hexen gehörten hierher. Wildnis stand symbolisch für einen Ort des Bösen (Kirchhoff/Trepl 2009: 44).

Wildnis konnte aber auch als ein ferner Sitz des Heiligen und als Gegenüber zum Alltäglichen angesehen werden. Durch ein Heraustreten aus der Zivilisation (Feste, Ekstasen, Initiationsriten) wurden die wilden Triebe einer rituellen Ordnung ausgelebt und man konnte mit der eigenen, wilden Natur eins werden (Kangler/Vicenzotti 2007: 285).

Auch zu einem Ort der Selbstbestätigung und des heldenhaften Kampfes kann Wildnis werden (Hass et al. 2012: 113, Kangler/Vicenzotti 2007: 286): Ein Auszug aus der menschlichen Alltagswirklichkeit in die Wildnis kann als eine rituelle Nachahmung des Kampfes der Götter gegen mythische Widersacher, z.B. wilde Tiere, Ungeheuer oder Feinde interpretiert werden (Hass et al. 2012: 108). In einer anderen Begegnung wilder Natur vollzieht Siegfried der Drachentöter beispielsweise durch das Töten des wilden Drachens einen tragisch-heroischen Kampf in der Wildnis. Ein Auszug in die Wildnis kann somit zu einer körperlichen Bewährung und einer symbolischen Selbstvergewisserung werden (Kangler/Vicenzotti 2007: 286).

Wildnis wurde nun also nicht mehr nur als „Gegenwelt" oder „das schreckliche Unbekannte", sondern auch als Ort der Selbsterfahrung oder Bewährung des Glaubens bezeichnet (Kangler 2009: 266, Hass et al. 2012: 111 f.). Viele dieser Assoziationen wurden auch durch die biblische Erzählung verstärkt, so beispielsweise in den synoptischen Evangelien des Neuen Testaments anhand der Versuchung Jesu (Cronon 1995: 71). Darin wird Jesus vom Geist in die Wüste geführt, in der er mit wilden Tieren lebt und vierzig Tage zu fasten hat. Da tritt der Teufel heran, ihn zu versuchen. Er versucht ihm auszureden, dass er der Sohn Gottes ist und bietet ihm alle Reiche der Welt, wenn er niederfällt und ihn anbetet. Jesus aber besteht den Test, widersteht der Versuchung und kommt mit der Macht des Heiligen Geistes aus der Wildnis zurück (Deutsche Bibelgesellschaft 2017, Cronon 1995: 71). Hiernach kann Wildnis also auch ein Ort der Probe oder Findung des eigenen Selbst sein, in dem gegen Dämonen, Bestien oder barbarische Bedrohungen gekämpft wird (Kirchhoff/Trepl 2009: 44-46). Solche Konfrontationen, mit den in der Wildnis lauernden Bedrohungen hatten eine stabilisierende Funktion für die bestehende gesellschaftliche Ordnung. Eine „Erfahrung des Draußen" war aber auch nur demjenigen möglich, der es in Kauf nahm in der Wildnis seine Identität zu verlieren, der die alltägliche Welt verlässt und den rituellen Übergang von der einen Lebensstufe zur nächsten durch Tod und Wiedergeburt vollzieht (Haß et al. 2012: 108 f.). Um also innerhalb der gesellschaftlichen Ordnung leben zu können, musste man draußen in der Wildnis gewesen sein. Man konnte das *Drinnen* nur wahrnehmen, wenn man *draußen* gewesen ist (Duerr 1985: 76, Haß et al. 2012: 109).

Im mittelalterlichen Christentum begann sich das Göttliche vom Heiligen abzuspalten. Wildnis wurde zur „bösen Gegenwelt". Der nicht kultivierten Natur, z.B. Wälder, Sümpfe und Moore, stand der harmlose, vertraute und heimische Bereich von Stadt und Dorf gegenüber. Wildnis war entgegen der archaischen Kulturen nicht mehr die andere Seite der kulturellen Ordnung, sondern wurde zu einer inneren Gefahr für die christliche Ordnung (Haß et al. 2012: 110 f.). Die Hauptbedeutung der wilden Natur lag also vor der Zeit der Aufklärung darin, dass sie gefährlich, unheimlich und schrecklich war. Wildnis wurde zwar bereits im Frühmittelalter intensiv genutzt, für z.B. weidendes Vieh, konnte aber trotz ihrer Nutzung durch ihre kulturelle Bedeutung Wildnis bleiben (Trepl 2012: 99). Mit der Aufklärung änderte sich diese Auffassung von Wildnis. Die vorrangige Aufgabe des Menschen angesichts wilder Natur lag nun darin, sie zu bekämpfen, zu zähmen und zu kultivieren, damit sie den Menschen notwendige Lebensgrundlagen und Ressourcen wie Brennholz, Jagdbeute oder Viehfutter liefert (Kangler/Vicenzotti 2007: 285 f., Trepl 2012: 99 f.). Unkultivierbare Gebiete, wie z.B. riesige und bedrohlich wirkende Berglandschaften, wurden als besonders unerwünscht eingestuft. Mitunter wurden die Berge sogar als gigantische Auswüchse der Hölle bezeichnet, die nichts weiter als riesige Schmutz- und Abfallhaufen waren (Groh/Groh 1991: 93). Zum damaligen Zeitpunkt war noch fast die gesamte Landesfläche des heutigen Deutschland von Wald bedeckt. Prädatoren wie Braunbär, Wolf und Luchs standen an der Spitze der Nahrungskette. Eine massive Zunahme der Rodungen durch den Menschen sorgte allerdings bald für einen gewaltigen Verlust ihrer Lebensräume (Piechocki 2010: 163-166). Große Raubtiere wie der Wolf verkörperten auch zu dieser Zeit noch den gefährlichen und bedrohlichen Charakter der Wildnis (Kangler/Vicenzotti 2007: 285). Um eine rasche Kultivierung der unheilbringenden Wildnis zu gewährleisten, wurde neben dem Wolf auch gezielt Jagd auf andere große Raubtiere gemacht, die somit, hinzukommend zum Verlust ihres Lebensraumes durch Rodungen der Wälder, in ihren Beständen dramatisch zurückgingen. Besonders der Braunbär, der vor tausend Jahren noch in nahezu allen Wäldern Mitteleuropas lebte, verschwand im Laufe der Zeit fast vollständig. Mitte des 19. Jahrhunderts war der Braunbär, wie auch der Wolf weitgehend ausgerottet (Piechocki 2010: 164 f.). Aber nicht nur

Wälder wurden gerodet, auch Flüsse wurden begradigt und Sümpfe trockengelegt. Ein Anspruch auf Naturbeherrschung setzte sich durch, der als „Eroberungen von der Barbarei" (Friedrich der Große, zit. n. Piechocki 2010: 165) bezeichnet wurde. An Orten, an denen die wilde Natur nicht beherrscht werden konnte, wurde das Möglichste getan, um sich vor ihr zu schützen. An den Meeren wurden Deiche angelegt, in den Bergen Bannwälder zum Schutz vor Lawinen (Piechocki 2010: 165). Durch die zunehmende Beherrschung der Natur begann sich auch die drastische Trennung zwischen Wildnis und Zivilisation zu relativieren. Wildnis war zwar noch immer der Gegenbegriff zur Zivilisation, aber die Furcht wurde immer mehr durch den Drang nach Kultivierung ersetzt. Wildnis war ein Ort, der aufgeklärte Landnutzung erforderte und vernünftig zu bewirtschaften war (Trommer 1992: 29 f.). Nach Joachim Ritter (1989) musste Wildnis von der „Macht der Natur" befreit werden und die Städte mussten die Herrschaft über die Natur gewinnen, damit der Wildnis das Bedrohliche ausgetrieben werden konnte; unberührte Natur in vom Menschen beherrschte und dominierte Natur zu verwandeln gehörte zur Bedingung der menschlichen Freiheit.

Zugleich wurde es in der Aufklärung aber auch erstmals möglich, Wildnis als Ort der Freiheit anzusehen. An ihr ließen sich die neuen, aufklärerischen Ideen anhand des gesellschaftlichen Fortschritts aufzeigen. So kann z.B. Robinson Crusoe – gemäß dem 1719 erschienene Roman - trotz des unerwünschten Eingeschlossenseins auf einer Insel, gegensätzlich zu einem Ort der Idylle, die Wildnis aufgrund seiner Freiheit von der inneren und äußeren Natur überwinden. Er ist als aufgeklärter Mensch in der Lage sich seines Verstandes zu bedienen und als autonomes Subjekt die Wildnis zu kultivieren (Kangler/Vicenzotti 2007: 287). Mit der Aufklärung ist Wildnis kein ausschließlich unbekannter Raum mehr, sondern wird zu einer gesellschaftlich verfügbaren Natur, die kultiviert und wirtschaftlich genutzt werden soll (Trommer 1992: 29-31).

Durch eine solche Zähmung der Wildnis sowie ihre zunehmende Kultivierung wird Erhabenheit als ein ästhetisches Urteil über Natur möglich. Durch eine ästhetische Betrachtung der Wildnis erhält diese eine vollkommen neue Bedeutung (Kangler/Vicenzotti 2007: 288 f.). Durch die Vorstellung der Erhabenheit begann sich eine neue, ästhetische Wertschätzung der wilden Natur durchzusetzen, von der sich der Mensch, z.B. durch Erstaunen und Ehrfurcht, emotional überwältigen lässt, ohne hierbei aber von ihr im Realen überwältigt zu sein (Piechocki 2010: 166). Wildnis bestätigt hier letztendlich die Autonomie des menschlichen Subjekts, da sie im Erhabenen lediglich Mittel zum Zweck ist. (Kangler/Vicenzotti 2007: 286-

288). Diese im 18. Jahrhundert entstehende Sicht auf die Natur war ausschlaggebend für den im 19. Jahrhundert erstmals geforderten Schutz von Wildnis (Piechocki 2010: 166). Hier wurde das Verständnis der Wildnis noch weiterentwickelt. Wildnis wurde von einem ehemals bedrohlichen, gefährlichen und wilden Ort zu einem harmonischen und konkret existierenden Ort, der der Großstadt entgegengesetzt wurde und als Erholung vom städtischen Leben eine wichtige Stellung einnahm (Kangler/Vicenzotti 2007: 289 f.).

3 Wildnistypen

Um die Sehnsucht nach Wildnis in der aktuellen Freizeitkultur verstehen zu können, werden im Folgenden bestimmte Wildnistypen analysiert, anhand derer sich die Bedeutungen und Charakteristika von Wildnis an realen Gegenden einordnen lässt. Hierbei sind einerseits bestimmte physische Eigenschaften der Gebiete dafür ausschlaggebend, dass diese als Wildnis aufgefasst werden, zum anderen sind diese durch kulturelle Deutungsmuster vorstrukturiert und somit ein Stück weit von intersubjektiven Betrachtungsweisen beeinflusst. Mittels der dargestellten Wildnistypen Berge, Dschungel und Urwald wird dies verdeutlicht (Haß et al. 2012: 188).

3.1 Berge

Anhand des Wildnistyps Berge lassen sich sehr gut die unterschiedlichen Auffassungen von Wildnis im Laufe der Kulturgeschichte erkennen. Berge, die einst Ort des Schreckens waren, haben sich, besonders durch Bergsteigen, Klettern, Trekking und Skifahren zu einem attraktiven Reise- und Ausflugsziel entwickelt. Bis in die frühe Neuzeit hinein wurden Berge noch als Ort des Schreckens bezeichnet und seit Luther behauptete die Natur sei durch den Sündenfall mit ins Verderben gezogen worden, verbreitete sich eine noch pessimistischere Sichtweise zu Wildnis. Hohe und raue Berge seien „nichts als Warzen auf der Oberfläche der Erde" (Groh/Groh 1991: 113). Wildnis aus dieser Sichtweise konnte nicht als schön wahrgenommen werden (Kangler/Vicenzotti 2007: 291, Haß et al. 2012: 118 f.)

Besonders beigetragen zu einem Wandel der Wahrnehmungen hat die, um die Mitte des 17. Jahrhunderts entstandene, Physikotheologie. Entgegen der Auffassung, nach der die Natur durch den Sündenfall ins Verderben gezogen wurde, entstand hier die Sichtweise eines zweckmäßigen Schöpfungsplans Gottes (Kangler/Vicenzotti 2007: 291). Hiernach ergibt sich eine Vorstellung von einem optimal funktionierenden Zusammenhang der gesamten Natur. Auch die Wildnis, als unkultivierte und unzugängliche Natur, erhält nun Bewunderung. Um einem Hochgebirge eine solche Bewunderung zuzusprechen, reichte aber die alleinige Zweckmäßigkeit nicht aus. Eine ästhetische Auffassung von Natur entstand erst durch „die Vorstellungen eines unendlichen, allgegenwärtigen Schöpfergottes" (Groh/Groh 1991: 122), aus der sich eine Identifizierung der Prädikate Gottes mit denen des Raumes entwickelte. Dies war der Ursprung des Naturerhabenen. Die Erhabenheit bildet die zweite zentrale Kategorie der Ästhetik neben dem Schönen (Kangler/Vicenzotti 2007: 291). Im Laufe des 18. Jahrhunderts findet sich, neben einer

Bewunderung der Kulturlandschaften, auch ein Gefallen an der bedrückenden und fürchterlichen Wildnis. Es entsteht eine Bewegung, nach der besonders die bisher gemiedene wilde Natur an Bedeutung und Zuneigung erlangt. Noch im gleichen Jahrhundert werden die Alpen touristisch erschlossen. Die gefährliche und schaurige Wildnis beginnt sich zu einer erhabenen Natur zu entwickeln (Kangler/Vicenzotti 2007: 291 f.). Ein Gefühl von Freiheit und Erhabenheit vermittelt der Anblick von Bergen auch heute noch. Besonders die Hochlagen der Gebirge werden heute oft als eine der letzten Wildnisse betrachtet, wodurch ein spezieller Reiz entsteht diese Gebiete aufzusuchen und bestimmte Freizeitaktivitäten dort auszuüben. Eine solche Sehnsucht und Hinneigung zu der Bergwildnis entsteht durch die karge, weitgehend unberührte und gleichzeitig gefährliche und lebensbedrohliche Landschaft. Das Zusammenspiel von Schönheit und Grauen bei der Betrachtung der gewaltigen Berggipfel und tiefen Abgründe zeigen die Besonderheiten der Natur als Bergwelt auf, für die die Thematisierung der Bergwildnis entscheidend ist. Extreme Wetterereignisse, wie Gewitter oder Sturm sowie Gletscher und Lawinen sind selbst für gut ausgerüstete eine ernstzunehmende Gefahr (Haß et al. 2012: 118 f.).

Am Beispiel des Extrembergsteigens lässt sich erklären, warum sich Menschen bewusst diesen Gefahren aussetzen: In der Bergwildnis ist man auf sich allein gestellt und muss dem Berg als ehrwürdiger Gegner trotzen. Bereits Mitte des 19. Jahrhunderts wurden Menschen, die die lebensbedrohliche Natur durch die Besteigung eines Gipfels bezwangen leidenschaftlich gefeiert. Auch wenn die höchsten Gipfel und schwierigsten Routen inzwischen durchgestiegen sind, so handelt es sich doch auch heute noch um eine moderne Variante eines individuellen Kampfes gegen die Natur: Der Bergsteiger gegen den personifizierten Berg. (Haß et al.: 119).

Da durch die zunehmende Technisierung und die dadurch hervorgebrachte moderne Bergausrüstung der Kampf gegen den Berg und „gegen sich selbst" (Walter Bonatti) für einige Extremsportler einen nicht mehr ausreichenden Reiz verkörperte, begann sich ein gewisser Trend zu entwickeln, bei dem der Verzicht auf technische Mittel im Vordergrund stand (Haß et al. 2012: 120 f.). Einer der Protagonisten in der Kletterszene, der diese Einstellung besonders verkörpert, ist Alex Honnold. Honnold ist Profibergsteiger und Extremkletterer und bekannt für seine „Free-Solo-Begehungen". Free Solo ist die wahrscheinlich schwierigste und spektakulärste Art einer Begehung. Auf den Kletterer wirken hierbei extreme psychische Belastungen ein, da ohne jegliche Art von Absicherung geklettert wird. Ein Sturz bedeutet hier in den meisten Fällen den Tod (CHALKR 2017, TheAtlantic 2017). Warum also begeben sich Menschen in eine so extrem offensichtlich lebensbedrohliche Situation? Honnold beschreibt weder seine internationale Anerkennung noch seinen hierdurch erlangten Wohlstand als Motivation, sondern durch das Gefühl „alone on the wall" zu sein eine vollkommene Freiheit der Gedanken zu empfinden („empty", „not really thinking") (TheAtlantic 2017). Er schildert die Möglichkeiten des Absturzes und „of stepping into the void", aber zieht nie wirklich in Erwägung, dass diese Situation eintreten könnte. Es fällt ihm schwer seine Gedanken während des Kletterns in Worte zu fassen: „It's hard to untangle the various feelings, but I definitely felt *alive*" (TheAtlantic 2017). Für ein solches Gefühl von Lebendigkeit und Ausgesetztheit suchen auch gesicherte Kletterer und Bergsteiger, die sich in weniger gefährliche Situationen begeben, das Gebirge aufgrund der ästhetischen Ferne als Wildnis auf (Haß et al. 2012: 121). Beim Wandern oder Skifahren sind diese Gefahren natürlich weniger spürbar. Allerdings können auch hier extreme Wetterereignisse oder Lawinen bedrohlich werden, wodurch sich auch grundsätzlich der einfache Wanderer darauf einlassen muss, seine Angst in der Wildnis psychisch und physisch zu überwinden. Dahingehend und aufgrund der möglichen Lebensfeindlichkeit und Unberührtheit der Bergwildnis, wird dem Besucher ein Ort geboten, der sich mit Kulturlandschaften nicht vergleichen lässt und nur in ursprünglicher Natur zu finden ist (Kangler/Vicenzotti 2007: 293 f., Haß et al. 2012: 120-122).

3.2 Dschungel

Im Gegensatz zu den Bergen wird der Dschungel wesentlich seltener als Ziel moderner Freizeitaktivitäten genutzt und strahlt auch ein eindeutigeres Gefühl von Angst und einer trügerischen Wildnis aus (Hass et al. 2012: 122, Kangler/Vicenzotti 2007: 294, Hoheisel et al. 2005: 46).

Dschungel wird als unkontrolliert produzierende, vernunftlos und chaotisch wuchernde Natur bezeichnet. Im Dschungel ist der Kampf im Vergleich zum Berg nicht heroisch, sondern schmutzig. Der Dschungel ist kein würdiger, er ist ein feiger, hinterlistiger und unberechenbarer Gegner. Hier kämpft man nicht wie am Berg als Vernunftwesen, sondern kann nur überleben, wenn man sich seiner Instinkte bedient und selbst Teil der Wildnis wird (Hoheisel et al.: 46). Trotz dieser Bedrohlichkeit löst der Dschungel oft ein Gefühl der Faszination aus, durch seine tropischen Regenwälder und wilden Tiere, mit denen er üblicherweise assoziiert wird. Besonders durch seine deutlich sichtbare Fruchtbarkeit und den Vorstellungen von ursprünglicher, fruchtbarer Natur kann er auch mit der Vorstellung vom Paradies verbunden werden. Anhand dieser Vorstellung eines Paradieses und durch die

Bedrohung der Zivilisation, z.B. Abholzung des Regenwaldes, wird aus der gefahrvoll wirkenden Wildnis ein selbst bedrohter Ort (Hass et al. 2012: 123, Hoheisel et al. 2005: 46). Vorstellungen der wuchernden und bedrohlich wirkenden Natur sind bei einem Aufenthalt in dschungelartiger Natur allerdings noch immer vorhanden. Allein aufgrund des Vorkommens einer Vielzahl von wilden und gefährlichen Tieren und dem häufig eintretenden Orientierungsverlust. Auf der anderen Seite steht die Faszination des Paradieses, mit seiner schier unendlichen Fülle des Lebens (Hass et al. 2012: 123).

Ein friedliches und erholsames Leben findet man im Dschungel aber gewiss nicht. Vielmehr gelten hier die Gesetze der „intakten Wildnis", um es mit den Worten des Survival-Experten Rüdiger Nehberg zu beschreiben (Nehberg 1998: 115). Nehberg formuliert seine Gedanken über den Dschungel außerdem folgendermaßen: „Natur explosiv. [...] Jeder Quadratzentimeter beherrscht von einem anderen Lebewesen. [...] Besucher Mensch –, Krone der Schöpfung? Hier schrumpft er zum kleinen Mosaikstein im gigantischen Naturgefüge. [...] Diese Ballung von Leben und Gefahr, dieses Fressen und Gefressenwerden, dieser ständig sichtbare Kampf ums Dasein hat mich vom ersten Moment in den Bann geschlagen. Alle sind in den Kampf einbezogen. Keiner kann sich ihm entziehen." (Nehberg 2002: 179). Hier wird die Faszination Nehbergs von der Komplexität des Lebens im Dschungel klar deutlich, insbesondere von dem ständigen Kampf ums Überleben (Hoheisel et al. 2005: 47). Durch eine solch intensive sinnliche Erfahrung ist auch eine Erfahrung des eigenen Selbst und besonders des eigenen Körpers möglich. In der Gegenwart des Dschungels wird vom Körper eine ständige Alarmbereitschaft erfordert und der Dschungel wird somit zum Ort der Förderung des Selbsterhaltungstriebs und zwar nicht nur durch eine bloße Ästhetik der Natur, sondern durch ein unmittelbares Erleben (Hass et al. 2012: 124). Ein wesentlicher Aspekt, der die Faszination des Dschungels ausmacht, ist insofern der allgegenwärtige Kampf aller Lebewesen. Besonders die Art und Weise, in der sie sich gegenseitig überwältigen und dass aus allem Toten unmittelbar neues Leben entsteht. Vor allem aber die Tatsache, dass es den Tod geben muss, damit Leben überhaupt möglich ist (Hoheisel et al. 2005: 47). Aber kann sich auch der Mensch im Dschungel als Naturwesen empfinden? Nehberg sieht sich in seinen Schriften als Teil der Natur, zum einen durch seine Teilhabe an der paradiesischen Natur und zum anderen durch sein „Verwickelt-Sein" in den Kampf ums Überleben. Es wird ihm hier möglich seine instinktiven Fähigkeiten unter Beweis zu stellen. Allerdings gibt es auch Momente, in denen er sich als zivilisierter Mensch fühlt und der Urwald sich wie eine verschworene Gemeinschaft gegen ihn als Eindringling wendet (Hoheisel et al. 2005: 47). Dies zeigt sich auch daran, dass er bei der Betrachtung einer Schlange nicht an Beute denkt, sondern sie ausschließlich als faszinierenden Teil der Natur betrachtet, wenn sie ihm auch Nahrung für 2 Wochen geliefert hätte. Obwohl Nehberg sich im Dschungel als Teil der Natur fühlt, bleibt er noch immer ein zivilisierter Mensch, der moralisch handelt und dies offensichtlich auch möchte. Dennoch kann er sich seines Daseins als ein natürliches Lebewesen mit Instinkten und Trieben bewusstwerden und den Kampf ums Überleben meistern. Wenn Nehberg zu dem würde, was ihn an der Wildnis so fasziniert, könnte er die Natur nicht mehr genießen, da er selbst zu einem Naturwesen geworden wäre (Hoheisel et al. 2005: 48).

Dschungel fasziniert durch die Möglichkeit Dinge auszuleben, Triebe und Instinkte, die in der zivilisierten Welt kaum noch notwendig sind und häufig als unerwünscht angesehen werden, in der Wildnis aber lebensnotwendig sind. Ein Aufenthalt im Dschungel ermöglicht es diese Triebe und Instinkte umzusetzen und hierdurch, ähnlich der Besteigung eines Berggipfels, ein Gefühl von Lebendigkeit zu empfinden (Hass et al. 2012: 126).

3.3 (Ur-)Wald

Der (Ur-)Wald ist nicht gleichzusetzen mit dem Begriff des Dschungels, sondern unterscheidet sich von diesem Wildnistyp grundlegend. Hier wuchert die Natur nicht unkontrolliert und chaotisch. (Ur-)Wald unterscheidet sich, im Gegensatz zu der kargen und unfruchtbaren Erscheinung, aber auch von den Bergen, und stellt somit einen dritten eigenständigen Wildnistyp dar. Allerdings herrschen, ähnlich wie bei den Bergen, zu Wald ambivalente Wildnisvorstellungen. Auch hier wurde die Wildnis aufgewertet von einem Ort des Schreckens zu einem Ort spätromantischer Gefühle. Bis ins 19. Jahrhundert wurde der Wald noch keineswegs als heimselig oder erholsam empfunden. Die Wildnis des Waldes war ein unbekannter Ort, in die man sich nur begab, um den Lebensunterhalt zu erarbeiten. Es wurde auch darüber berichtet, dass selbst die Waldarbeiter hier von Ängsten heimgesucht wurden (Kangler/Vicenzotti 2007: 297). Selbst heute ist das Innere eines Waldes für viele noch immer unheimlich und geheimnisvoll. Ein Ort, an dem man sich leicht verirren kann (Lehmann 2001: 4-9). Wälder wurden also als bedrohliche und gefährliche Orte wahrgenommen, an denen Geister und Dämonen ihr Unwesen trieben. Langfristig halten sich hier nur Räuber, Gesetzlose und wilde Tiere auf, unter denen besonders Wölfe und Luchse als gefährlich angesehen werden. Diese werden als „Herrscher" der Wildnis bezeichnet und tragen wesentlich zum Charakter des Ortes bei. Andere Tiere hingegen, z.b. der Hirsch, werden als Vertreter der „Freiheit" angesehen und durch ihre erhabene Gestalt als Idealtyp des Hochwildes bezeichnet. Wald kann also auch ein Ort der Freiheit sein (Elitzer et al. 2005: 51-53).

Die kulturellen Muster des heutigen Waldbewusstseins, z.B. die Sehnsucht nach einem Spaziergang im Wald, haben sich in der Romantik entwickelt. Hierzu gehörte die Erfahrung eines lebensgeschichtlichen Verlustes eines Erfahrungsraumes, aber auch eines Teils der natürlichen Umwelt. Wälder wurden zu Seelenlandschaften und Erinnerungswäldern der romantischen Maler und Dichter (Elitzer et al.2005: 51-53, Kangler/Vicenzotti 2007: 299). Ergebnisse empirischer Studien zeigen, dass diese romantischen Bilder unser Bewusstsein zu Wäldern auch aktuell noch beeinflussen. Schon damals entstand ein moralisches Verständnis von Natur und diese galt als ein Modell für glückliche Zukunft. Bis heute wirken sich diese Gegensätze von Natur-Kultur-Gesellschaft aus, die sich z.B. im Kontrast zwischen der Einsamkeit und Stille eines Waldes zu den unübersichtlichen Großstädten wiederspiegeln (Lehmann 2001: 6).

In der Mitte des 19. Jahrhunderts, zur Entstehungszeit des Nationalismus in Deutschland, wurde die Liebe zu den Wäldern zu einer wesentlichen Dimension des Nationalcharakters gezählt (Lehmann 2001: 6 f.). Nach den damaligen Vorstellungen ließ sich der Charakter eines Landes nicht nur durch die Geschichte, sondern auch von dem jeweiligen Land, mitsamt seinem Klima, Boden und den Wäldern ableiten. Wildnis erinnert hiernach an die Anfänge der Kulturentwicklung und verhindert eine Entfremdung zwischen Mensch und Natur. Zudem schützen die Wälder vor äußeren Gefahren, wie dem Hereinbrechen fremder Völker. Wildnis wird als ein notwendiger Kontrast zur modernen Kultur angesehen, der die Nation vor dem Untergang bewahrt (Kangler/Vicenzotti 2007: 299 f.).

Anhand der Analysen verschiedener Wildnistypen wurde gezeigt, dass es *die* Wildnis nicht gibt, sondern aufgrund differenzierter Bedeutungen und Formen Wildnis immer unterschiedlich sein kann (Haß et al. 2012: 134 f.). Nicht nur beim (Ur-)Wald, sondern auch bei den Wildnistypen Berge und Dschungel sind die ambivalenten Charaktere der Wildnis deutlich geworden. Die Kulturgeschichte zeigt, dass Wildnis durch eine zunehmende technische Beherrschung der Natur ihre Bedrohung und ihren Schrecken verloren hat. Der Antrieb, aus dem Wildnis aufgesucht wird, ist aber immer noch der gleiche.

Der Reiz liegt vermutlich in der Erfahrung von ursprünglicher Natur im Gegensatz zur Wahrnehmung der Kulturlandschaften, wodurch ein Gefühl des Wohlbefindens entsteht, das eben diese Kulturlandschaften nicht bieten können (Kangler/Vicenzotti 2007: 300 f.).

4 Argumentationsraum der Umweltethik

Die Anzahl der umweltethischen Argumente (Gründe), die der Frage nach einem angemessenen Umgang des Menschen mit der Natur nachgehen, können als Argumentationsraum der Umweltethik bezeichnet werden. Hauptaufgabe der Umweltethik ist eine analytische und kritische Rekonstruktion dieser Argumente, Argumentationsmuster und Diskursstränge. In den Kapiteln 5 & 6 findet eine Rekonstruktion dieser Argumente statt, die nach einer diskursiven Grundhaltung erfolgen. Das heißt, dass Gründe nicht als solche verstanden werden können ohne zu ihnen Stellung zu nehmen (Ott et al. 2016: 10 f.).

Den Argumentationsraum zu strukturieren kann anhand des Inklusionsproblems erfolgen. Hierbei wird zwischen den anthropozentrischen (von griech. *anthropos*= Mensch) Ansätzen und den physiozentrischen (von griech. *physis* = Natur) Ansätzen unterschieden (s. Abb. 1).

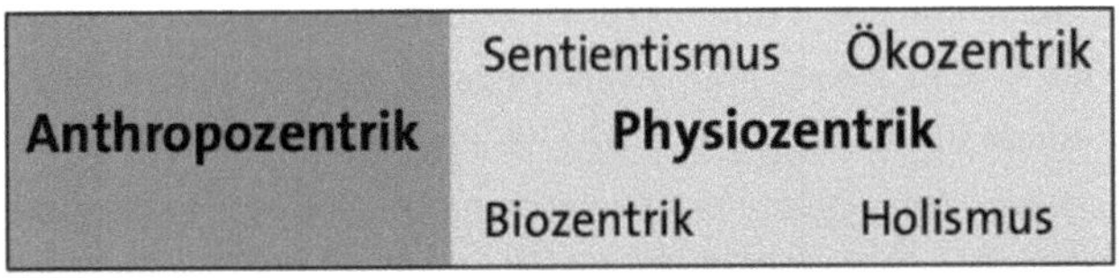

	Sentientismus	Ökozentrik
Anthropozentrik	**Physiozentrik**	
	Biozentrik	Holismus

Abbildung 1 Grafische Unterscheidung zwischen Anthropozentrik und Physiozentrik
Quelle: Ott et al. 2016: 11

Die Anthropozentrik als auch die Physiozentrik beziehen sich auf bestimmte Werte, die der Natur zugewiesen werden. Es ist allgemein anerkannt, dass die Naturwissenschaften keine Aussage darüber treffen können, wie wir aus welchen Gründen mit welchen Daseinsformen der Natur umgehen sollen und dürfen. In der Naturwissenschaft wird uns die Natur in einem Modus wertneutraler Objektivität gezeigt, wohingegen die Umweltethik (axiologisch) nach den Werten der Natur und (deontologisch) nach den Pflichten gegenüber der Natur fragt.

Eine Frage die für die Umweltethik konstitutiv und für die Naturwissenschaften unbeantwortet ist lautet also, welche Werte wir welchen natürlichen Entitäten zuweisen und ob diese Werte ausschließlich *für* den Menschen oder auch *unabhängig* von den Menschen gelten (Ott et al. 2016: 8 f.). Eine Differenzierung und Analyse dieser Werte wird in den folgenden Unterkapiteln dargelegt.

4.1 Instrumentelle anthropozentrische Werte

Gemäß des instrumentellen anthropozentrischen Wertes ist die Natur lediglich aus zweckrationalen Gründen zu berücksichtigen und dementsprechend ausschließlich aufgrund eines instrumentellen Nutzwertes zu schützen (Ott et al. 2016: 9, bpb 2017). Die Anthropozentrik sieht die Natur folglich als auf den Menschen hin geordnet und dass alle Mittel und Zwecke nur ihm dienen sollen. Der Natur wird dieser Wertzuweisung nach kein eigener moralischer Wert zugesprochen (Teutsch 1985: 8 f., Krebs 1997: 342).

4.1.1 Werte aufgrund von Produktionsfunktionen

Bei dem Wert als Produktionsfunktion werden die elementaren Angewiesenheiten auf die natürlichen Ressourcen der Natur besonders hervorgehoben. Beispielsweise Wälder als Holzquelle für die Möbelindustrie (bpb 2017). Hierbei wird zwischen nichtregenerierbaren und regenerierbaren Ressourcen unterschieden. Erschöpfbare Rohstoffe wie Kohle und Erdöl, die zu den nichtregenerierbaren natürlichen Rohstoffen zählen, bilden sich derart langsam, dass aus menschlicher Perspektiven von einem fixen Umgang der Vorräte ausgegangen werden muss. Regenerierbare Ressourcen hingegen wie beispielsweise fruchtbare Böden sind erneuerbar. Allerdings ist hierbei eine Erhaltung der natürlichen Systeme ausschlaggebend für einen Fortbestand (Spektrum der Wissenschaft 2017).

4.1.2 Werte aufgrund von Regulationsfunktionen

Der instrumentell anthropozentrische Wert der Regulationsfunktion bezieht sich auf die Nutzbarkeit der Natur, die uns und auch den zukünftigen Generationen ein gesundes, sicheres und angenehmes Leben ermöglicht. Ökologische Prozesse sorgen für einen Fortbestand erneuerbarer Ressourcen wie Sauerstoff, sauberes Trinkwasser (durch gesunde filtrierende Böden) Nahrungsmittel und nachwachsender Rohstoffe. Außerdem für eine Regulierung bestimmter Umweltbedingungen, die in für uns günstiger Weise konstant gehalten werden (z.B. Selbstreinigung von Gewässern oder Kontrolle von Schädlingspopulationen durch natürliche Feinde) (bpb 2017).

4.2 Eudaimonistische anthropozentrische Werte

Neben den instrumentellen Werten und den moralischen Selbstwerten (s.u. Physiozentrische Werte) werden auch die sogenannten eudaimonistischen Werte als eine Kategorie der Werte der Natur (s.u. Abb. 2) verwendet. Hiernach wird einer natürlichen Entität ein eudaimonistischer Wert zugewiesen, wenn Menschen diese als Komponente eines guten Lebens wertschätzen. Hierzu zählen beispielweise der Anblick einer majestätischen Berglandschaft oder ein Bad in den Meereswellen. Erlebnisse dieser Art werden *als solche* wertgeschätzt und können nicht einfach durch künstlichen Ersatz (Anschauen eines Heimatfilmes, Besuch eines Erlebnisbades) substituiert werden. Individuen können Naturbezüge somit auf vielfältige Weise mit ihren Vorstellungen eines guten und gelingenden Lebens verbinden und solch natürlichen Entitäten einen eudaimonistischen Wert zuweisen (Ott et al. 2016: 10).

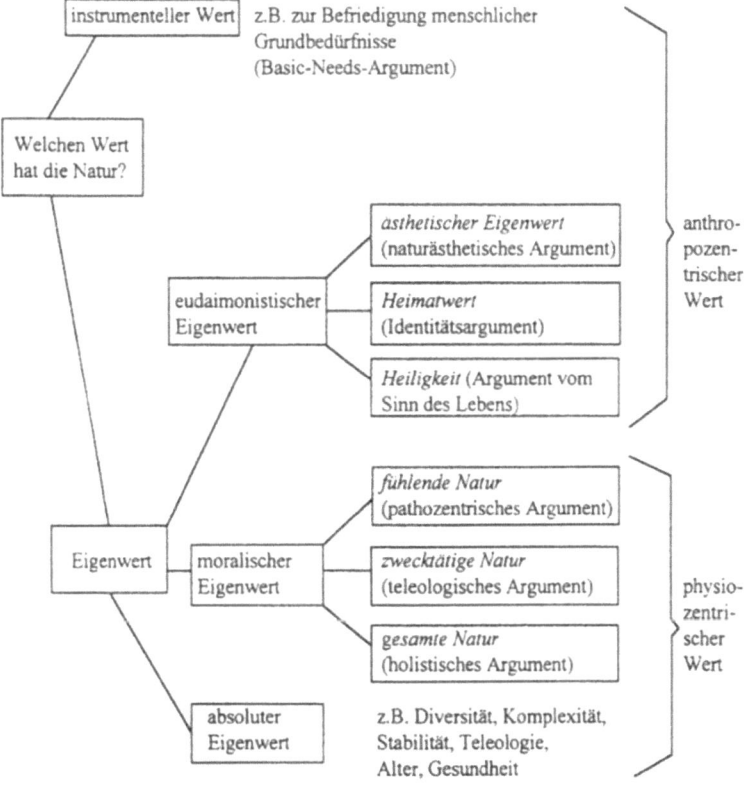

Abbildung 2 Werte der Natur
Quelle: Krebs 1996: 34

4.2.1 Naturästhetik

Die Naturästhetik, als Teildisziplin der philosophischen Ästhetik, wird als Forschungsgebiet betrachtet, dem unterschiedliche Naturauffassungen und Überlegungen des Menschen in der Natur zu Grunde liegen. Sie widmet sich der ästhetischen Dimension und der hieraus resultierenden verschiedenen Paradigmen von Mensch und Natur. Eine ästhetische Sichtweise auf das Mensch-Natur-Verhältnis hat sich in der Neuzeit entwickelt und ist maßgeblich durch eine menschliche Vorherrschaft gegenüber den Naturgegenständen entstanden (Wang 2016: 142). Als Schauplatz ästhetischer Wahrnehmung ist dasjenige Naturverhältnis gemeint, in dem der Mensch der Natur begegnet und sich in ihr als Individuum begreift. Zum anderen handelt es sich um eine Ästhetik der Natur, wenn der Mensch die *freie* Natur im Gegensatz zu menschlichen Artefakten auffassen kann (Seel 1997: 314 f.).

4.2.2 Heimat-Argument

Orte an denen die Natur für Menschen Heimat ist, wird solche als Teil seiner Identität gesehen und bedeutet Vertrautheit und Geborgenheit. Diese Identität gehört zum Kern eines guten menschlichen Lebens, weshalb viele Menschen auf die Frage wer sie sind oft den Ort angeben aus dem sie kommen. Natur kann somit zu einem Teil menschlicher Individualität werden. Der Wert von Heimat überträgt somit den Eigenwert, den Individualität in einem guten menschlichen Leben hat, auf die Natur, sofern diese als ein Teil der Identität angesehen wird (Krebs 1997: 374 f.).

4.2.3 Argument der Zukunftsethik

Das Argument der Zukunftsethik kann sowohl in das Kapitel der anthropozentrisch instrumentellen Werte als auch in das der eudaimonistischer anthropozentrischen Werte eingegliedert werden. Da zukünftige Generationen, mit großer Wahrscheinlichkeit, ebenfalls ein gutes menschliches Leben wertschätzen, findet die Zukunftsethik in dem Kapitel der eudaimonistischen Werte ihren Platz. Dennoch ist das Argument der Zukunftsethik in gleichem Maße von der instrumentellen Wertzuweisung abhängig, da diese die Zukunft erheblich beeinflussen wird. Insofern ist die Herrschaft der Gegenwart über die Zukunft der Ausgangspunkt um die Debatte der Zukunftsethik. Zukünftige Generationen sind von den Menschen heutiger Generationen prinzipiell abhängiger als wir von ihnen. Heutige Möglichkeiten werden in zukünftige Wirklichkeiten überführt und verändern die Beschaffenheit der zukünftigen Welt maßgeblich zum Guten oder zum Schlechten. (Ott 2010: 111 f., Ott et al. 2016: 153).

4.2.4 Differenz-Argument

Nach dem Argument der Differenz sind Menschen, die in der urbanen Zivilisation leben, in vielfältige Zwänge (Zeitnöte, Disziplin, Konkurrenzdruck, Kalkulationen usw.) verstrickt. Dadurch erscheint die Natur vielen als ein erholsamer und wohltuender Ort, der als Differenz zu all diesen Zwängen angesehen werden kann. Die Gewissheit, dass in der urbanen Zivilisation alles *von* uns und *für* uns gemacht ist, wir in der Natur hingegen aber auch mit Wesen und Entitäten in Kontakt kommen, die nicht allein menschlichen Zwecken entsprechen, kann zu einem vertieften menschlichen Selbstverständnis führen. Eine solche Form der Andersartigkeit wird von vielen Menschen als wohltuend und sogar als eine Quelle der Lebensfreude empfunden. (Ott et al. 2016: 11 f., Ott 2004: 287 f.).

4.3 Theozentrische Werte

Eine Sonderkategorie der Wertzuweisung der Natur bilden religiöse bzw. spirituelle Werte. Hierbei gehen die Ansätze nicht unbedingt davon aus, dass bestimmten natürlichen Entitäten ein Selbstwert zugeschrieben wird, noch soll die Natur als auf den Menschen hin geordnet betrachtet werden. Werte werden hier auf eine Religion bzw. auf eine Glaubenslehre bezogen und gründen auf einer nicht-natürlichen Instanz bzw. Ursprungsmacht. Auch wenn nicht alle Glaubensrichtungen von der Existenz eines oder mehrerer Götter ausgehen, können diejenigen, nach denen die Natur in Verantwortung Gottes zu schützen ist, als theozentrischer Ansatz betrachtet werden. Insofern sich also religiöse Grundhaltungen verständlich erläutern lassen, können diese als wichtiger Teil des Argumentationsraums der Umweltethik betrachtet werden (Ott et al. 2016: 15).

4.4 Physiozentrische Werte

In der Physiozentrik wird davon ausgegangen, dass bestimmten nicht-menschlichen natürlichen Entitäten ein moralischer Selbstwert zugeschrieben wird und diese daher als Mitglieder der Moralgemeinschaft geschützt werden sollen (Ott et al. 2016: 12). Durch die Zuweisung eines intrinsischen Wertes (synonym Selbstwert) entsteht aber auch die Frage, welche natürlichen Entitäten hierbei zu berücksichtigen sind. Dies wird als „Inklusionsproblem" bezeichnet, wobei der Begriff der Entität hierbei etwas Seiendes („etwas, das es gibt") beschreibt und neben Naturwesen wie Tieren, Pflanzen und Pilzen mitunter auch unbelebte natürliche Entitäten (z.B. Steine, Knochen oder Geweihe) und überorganismische Ganzheiten, wie etwa ganze Ökosysteme umfasst. Die Physiozentrik erstreckt sich somit über ein sehr breites Spektrum von Positionen, die in Abbildung 3 zur Orientierung schematisch veranschaulicht werden. Da sich der Ökozentrismus in der Abbildungslogik nicht adäquat darstellen lässt, ist dieser nicht mit abgebildet (Ott et al. 2016: 9 f.)

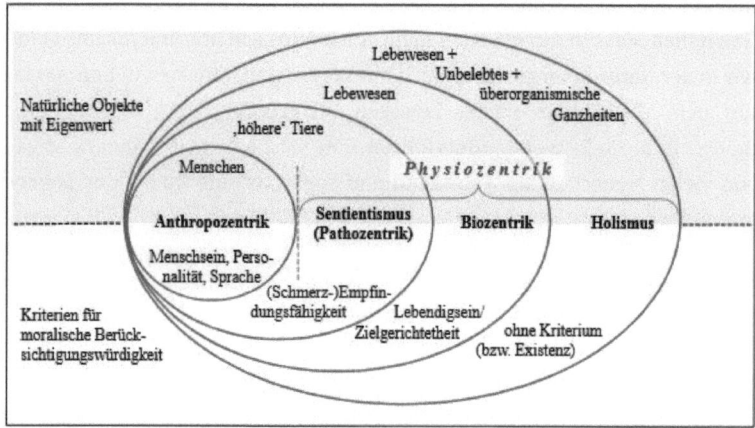

Abbildung 3 Grundtypen der Umweltethik
Quelle: Ott et al. 2016: 12

Hieran erkennt man die unterschiedlichen physiozentrischen Lösungsansätze, die zum Inklusionsproblem entwickelt worden sind: Pathozentrismus/Sentientismus, Biozentrismus, Ökozentrismus und Holismus (auch radikaler Physiozentrismus) (Ott et al. 2016: 12). In den folgenden Unterkapiteln werden diese gesondert voneinander erläutert.

4.4.1 Pathozentrismus/Sentientismus

Der Pathozentrismus, auch bekannt unter dem Begriff Sentientismus, ist die am häufigsten vertretene Lösung des Selbstwertproblems (Ott 2010: 130). Nach dem Pathozentrismus wird nicht nur den Menschen, sondern auch bestimmten Tieren bzw. der gesamten fühlenden Natur ein Selbstwert zugeschrieben. Mit der gesamten fühlenden Natur ist hier alles nicht vom Menschen gemachte gemeint. Dazu zählen alle Naturwesen, die in der Lage sind positive (Freude, Lust) oder negative (Leid, Schmerz) Empfindungen selbst erleben zu können.

Dementsprechend sind die dargelegten Argumente zu einem großen Teil auf den Bereich der Tierethik, als einem Teilbereich der Umweltethik, bezogen. Hierbei muss die fühlende Natur allerdings nicht ausschließlich mit dem Tierreich zusammenfallen, da im Pathozentrismus einerseits nicht alle Lebewesen, die nach biologischer Ordnung Tiere sind, eingeschlossen werden und andererseits auch einige Pflanzen berücksichtigt werden können (Krebs 2016: 157 f.).

4.4.2 Biozentrismus

Nach dem Biozentrismus wird allen Lebewesen ein Selbstwert statt eines instrumentellen oder eudaimonistischen Wertes zugewiesen. Demzufolge sind nicht nur Menschen, sondern auch alle Tiere, Pilze, Pflanzen und Bakterien um ihrer selbst willen zu schützen, so dass von der Seite des Menschen auch ihnen gegenüber moralische Verpflichtungen herrschen (Engels 2016: 161). Dieser Wert gilt unabhängig davon, welchem Reich, Phylum, Gattung, Ordnung, Familie, Spezies usw. sie angehören (Ott 2010: 141). Die Schmerz- und Leidensfähigkeit ist für den Biozentrismus, im Vergleich zum Physiozentrismus, nur ein Aspekt unter anderen. Er geht grundsätzlich davon aus, dass ein Interesse nach Leben durchaus auch von schmerzunfähigen Lebewesen ausgeht (Teutsch 1985: 17).

4.4.3 Ökozentrismus

Der Ökozentrismus wird von seinen Vertretern oft als Antwort auf die anthropozentrische Sichtweise und auch als deren Kritik angesehen. Im Gegensatz zu der Anthropozentrik wird in der Ökozentrik der Natur nämlich keineswegs nur ein instrumenteller Wert zugewiesen, sondern sie stellt eine Konzeption dar, nach der Ganzheiten, wie beispielsweise vollständigen Ökosystemen oder Arten, ein Selbstwert zugewiesen wird. Somit weicht die Ökozentrik deutlich von einer individualistischen Moralauffassung ab, da sie sich auf das Wohlergehen kollektiver natürlicher Ganzheiten fokussiert und nicht wie der Physiozentrimus und auch der Biozentrismus auf einzelne Lebewesen konzentriert. Durch den Fokus auf Ganzheiten kann der Ökozentrismus auch als *monistischer Holismus* bezeichnet werden. Empfohlen ist allerdings der Begriff des Ökozentrismus bzw. der Ökozentrik, um den Begriff des Holismus für eine differenzierte Position zu reservieren. Eine Erläuterung des Holismus erfolgt im nächsten Unterkapitel. Zur Verdeutlichung der Unterschiede zwischen Ökozentrismus und Holismus dient die Abbildung 4 (Dierks 2016a: 169 f.).

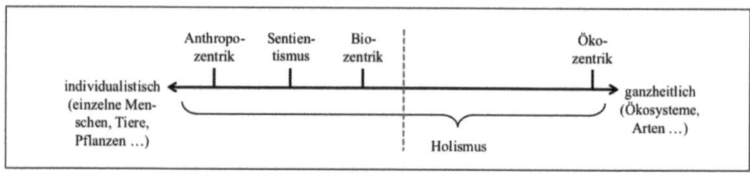

Abbildung 4 Grafische Einordnung der geläufigen Umweltethik-Konzeptionen
Quelle: Ott et al. 2016: 169

4.4.4 Holismus

Der Holismus, auch radikaler Physiozentrismus genannt, leitet sich von dem griechischen Wort für „ganz", „vollständig" oder „umfassend" ab. Bei einer holistischen Sichtweise handelt es sich also, allgemein gesprochen, um eine Lehre, die *das Ganze* betrifft und versucht eine Sache *ganzheitlich* zu begreifen. Aus umweltethischer Sicht wird der Holismus einem reinen Individualismus entgegengesetzt. Mit der Entstehung der Frage des richtigen Umgangs mit der Natur haben sich auch immer mehr Ethiker mit dieser Thematik beschäftigt, woraus Diskussionen entstanden, ob womöglich auch Ganzheiten wie Ökosysteme geschützt werden sollten. Besonders aus Sicht des Naturschutzes schienen (und scheinen) die Argumente des Ökozentrismus und Holismus am ehesten dessen intuitive Auffassung zu vertreten, da es im Naturschutz in der Regel nicht um den Schutz einzelner Bäume geht, sondern um den Schutz ganzer Ökosysteme wie beispielsweise Wäldern. (Dierks 2016b: 177 f.)

Häufig wird der Begriff des Holismus synonym zu dem des Ökozentrismus verwendet, da die Abgrenzung zwischen den Begriffen oftmals nicht eindeutig ist. Der Holismus soll sich hier insofern vom Ökozentrismus abgrenzen, als dass er sowohl individuelle Entitäten (einzelne Lebewesen), Ganzheiten (vollständige Ökosysteme) als auch unbelebte Materie (Wasserfälle, Steine) in moralischer Hinsicht berücksichtigt. Folglich wird im Holismus der gesamten Umwelt, mit sämtlichen hierin vorkommenden Einzelwesen ein moralischer Wert zugeschrieben. Der Ökozentrismus hingegen kann durchaus als *monistischer* Holismus bezeichnet werden, da er „von einem moralischen Primat von Ganzheiten über Einzelwesen ausgeht" (Dierks 2016b: 178) und sich somit dem Vorwurf des „Ökofaschismus" aussetzen muss. Der hier vorgestellte Holismus soll hingegen als ein *pluralistischer* Holismus verstanden werden (Dierks 2016b: 178).

5 Argumente gegen Wildnis

Besonders für das Wohlergehen von uns Menschen ist eine Bedeutung von Wildnis in zahlreichen Publikationen ausführlich dargestellt worden. Hierbei reichen die Funktionen von einer Aufrechterhaltung der Ökosystemdienstleistungen über einen ästhetischen Wert bis hin zu einem Selbstwert vollständiger Ökosysteme. Dabei zeigt eine nähere Betrachtung der Thematik, dass nicht nur der Verweis auf menschliche Interessen, sondern auch die von Tieren und Pflanzen keineswegs ausschließlich von einem ausgeprägten Wildnisschutz profitieren.

Da ursprüngliche Natur sich nicht flächendeckend wiederherstellen lässt, ist auch für den Naturschutz der Freiraum der Handlungen in einer optimistischen Sicht beschränkt. Ein Schutz von intakter Wildnis und die Entwicklung potenzieller Wildnisgebiete ist demnach keinesfalls eine Selbstverständlichkeit. Auch der Schritt von einem jahrhundertelangen Kampf gegen Wildnis und dem hiermit verbundenen Drang der Bewirtschaftung zu einer Sicherung von eben jener ist eine Trendwende, die so in früheren Zeiten nicht denkbar gewesen wäre (Hampicke 1991: 267 f., Gorke 2000: 92). In den folgenden Unterkapiteln werden daher potenziell entstehende Probleme bzw. Konfliktfelder zwischen Wildnis und Kulturlandschaft analysiert, anhand derer eine Präferenz für das Konzept der Kulturlandschaft abzuleiten ist.

5.1 Instrumentelle anthropozentrische Werte

Wildnis ist für die Sicherung einer Vielzahl von Nutzenstiftungen zwar geeignet, aber *nicht notwendig*. Viele Funktionen wie die Förderung mentaler Gesundheit oder die Aufrechterhaltung von Ökosystemdienstleistungen können ebenfalls durch andere, naturnahe und wenig genutzte Landschaften gewährleistet werden (Gorke 2000: 92). Aufgrund dessen führt besonders die Ausweisung von Nationalparks oder großflächigen Schutzgebieten häufig zu Kontroversen in der Bevölkerung. Insbesondere die Holzwirtschaft und der Klimaschutz sind hierbei strittige Themen, die zu häufig ausgetragenen Kontroversen zwischen Wildnisbefürwortern und deren Kritikern führen.

5.1.1 Werte aufgrund von Produktionsfunktionen

Für viele Menschen wird durch die Forderung nach Wildnis ein tiefgründiges Bedürfnis angesprochen. Dementsprechend werden Diskussionen, die sich um Flächenstilllegungen handeln, oft sehr engagiert geführt. Hierbei ist allerdings eine

Hinterfragung der Argumente, wie sie sich auch bei der Debatte um den Nationalpark Schwarzwald entwickelte, äußerst ratsam. Besonders die Interessen der ansässigen Bevölkerung und der lokalen Holzwirtschaft werden oft weitgehend ignoriert (Böhr 2015: 89 f.), wodurch bereits im Vorfeld erhebliche Diskussionen zwischen den Befürwortern und Gegnern des Nationalparks entstehen. Anwohner, die der Sache gegenüber positiv eingestellt waren, sahen in dem Projekt eine „große Chance" und diesen als einen „zentralen Baustein für den Schutz der Schöpfung und der Natur unseres Landes". Im Kontrast dazu sehen die Gegner den Nationalpark als „nutzlos", „Borkenkäferkatastrophe" oder als „Existenzvernichtung der Waldberufe im Bereich der Holznutzung" (Böhr 2015: 89 f.). Eine Nichtnutzung der natürlichen Ressourcen (siehe auch „Heimat-Argument"), die durch eine Nationalparkausweisung größtenteils entstehen würde, bedeutet für die lokale Forstwirtschaft „einen wirtschaftlichen Selbstmord auf Raten" (Unser Nordschwarzwald 2017). Der Rohstoff Holz wächst „vor der Tür" und dient vielen kleinen mittelständischen Familienbetrieben der Region als Existenzgrundlage. Holz wird im Nordschwarzwald nachhaltig bewirtschaftet und als sehr wertvolle Ressource angesehen (Unser Nordschwarzwald 2017).

Eine Einschränkung der wirtschaftlichen Nutzung würde auch die Sicherung der Produktionsfunktion der Wälder in Gefahr bringen. Durch die heimische Holzproduktion wird die Bereitstellung des Rohstoffes Holz über kurze Transportwege gewährleistet. Ziel ist es hierbei auch den lokalen Waldbesitzern durch eine angemessene Einkunft aus den Wäldern die Sichtweise zu vermitteln, auf lange Zeit eine umfassend nachhaltige Waldbewirtschaftung zu betreiben. Bei einem Ausbleiben der Holznutzung würde nicht nur der Waldbesitzer wirtschaftlich um seine Existenz kämpfen müssen, sondern, im Rahmen der betrieblichen Zielsetzung, die Erzeugung hoher Holzqualitäten und eine breite Produktpalette des Rohstoffes Holz erheblich eingeschränkt werden (PEFC 2017).

5.1.2 Werte aufgrund von Regulationsfunktionen

Neben der Produktionsfunktion ist die Regulationsfunktion von mindestens gleichwertiger Bedeutung. Bei einer Stilllegung bewirtschafteter Wälder würde hier insbesondere der Klimaschutz unter den Folgen erheblich leiden. Da in einem Nationalpark weitgehend keine Holznutzung stattfindet, entsteht ein Gleichgewicht zwischen dem CO_2, das durch die wachsenden Bäume gebunden wird und dem, das bei der Zersetzung von abgestorbenen Bäumen freigesetzt wird. Über einen Zeitraum von 300 Jahren betrachtet (in einem Wirtschaftswald sind das in der Regel zwei Produktionszyklen) entzieht ein unbewirtschafteter Wald der Atmosphäre demnach auch kein zusätzliches CO2 (proHolz 2017). Ein nachhaltig bewirtschafteter Wald ist dagegen eine CO2 Senke, da grundsätzlich nur die Menge an Holz genutzt wird, die in der gleichen Zeit nachwachsen kann (Unser Nordschwarzwald 2017). Ein stillgelegter Wald kann das Klima demnach nicht in dem gleichen Maß schützen wie ein bewirtschafteter Wald, da die CO2 Einsparung bei einer regelmäßigen Bewirtschaftung deutlich höher ist als in einem Nationalpark. Die klimarelevanten Folgen der Nationalparkregion des Nordschwarzwalds beispielsweise belaufen sich hierdurch auf einen zusätzlichen Ausstoß von 90.000 Tonnen CO2 jährlich. Das entspricht ungefähr den durchschnittlichen Emissionen eines ländlichen Gebietes mit 25.000 Einwohnern. Hierbei werden die positiven Effekte der Betrachtung von Holz als Kohlenstoffspeicher bereits berücksichtigt. Holzprodukte können den Kohlenstoff über ihre gesamte Lebenszeit speichern, wodurch allein in Deutschland pro Jahr 105 Millionen Tonnen CO2 eingespart werden. Das sind rund 13 Prozent der gesamten jährlichen Treibhausgasemissionen (agr 2017). Da der Klimawandel und die menschliche Nutzung die natürliche Leistungsfähigkeit der Wälder deutlich überfordern können, ist eine nachhaltige und multifunktionale Waldbewirtschaftung dringend anzustreben. Nur so können die Wälder zu einem aktiven Klimaschutz beitragen und die Atmosphäre jährlich um Millionen Tonnen CO2 entlasten. Heute wird unter einer nachhaltigen Waldbewirtschaftung also weit mehr verstanden als eine Sicherstellung der Holzmengen. Eine nachhaltige Waldbewirtschaftung dient „der Regenerationsfähigkeit und ihrer Fähigkeit gegenwärtig und auch in Zukunft wichtige ökologische, wirtschaftliche und soziale Funktionen auf lokaler, nationaler und globaler Ebene zu erfüllen und zu gewährleisten, ohne dass dies zu Schäden an anderen Ökosystemen führt". Hierzu zählen u.a. der Erhalt und die Verbesserung der Ressourcen für die forstwirtschaftliche Nutzung und den hiermit verbundenen Beiträgen zu den globalen Kohlenstoffkreisläufen sowie der Erhalt, Schutz und Verbesserung der Schutzfunktionen bei der Waldbewirtschaftung im Bereich Boden und Wasser (Umweltbundesamt 2017). Der größte Beitrag zu einem aktiven Klimaschutz lautet also die Wälder zu erhalten, aber gleichzeitig so viel Holz wie möglich zu ernten und zu verwenden (Zeit Online 2017a).

5.2 Eudaimonistische anthropozentrische Werte

Argumente gegen Wildnis, die sich auf den eudaimonistischen Wert berufen, müssen universalmenschliche Glücksmöglichkeiten identifizieren und aufzeigen, wieso die Natur in einer anderen Form, beispielsweise als Kulturlandschaft, nicht nur als Mittel zum Zweck dient, sondern einen Selbstzweck aufweist (Krebs 1996: 35). Hierzu können vor allem der ästhetische Wert und der Wert von heimatlicher Naturverbundenheit zählen. Aber auch Differenzen zwischen Kulturlandschaften und Naturlandschaften können sich gegen einen Schutz von Wildnis aussprechen.

5.2.1 Naturästhetik

Ein gelungenes Verhältnis zwischen Mensch und Natur kommt für Johann Gottfried Herder in einer schönen Landschaft zum Ausdruck. Besonders die Schönheit von Kulturlandschaft steht für eine "Vollkommenheit einer historisch gewachsenen Verbindung eines Volkes mit einem Lebensraum" (Kirchhoff 2005: 87, Vicenzotti 2011: 149). Nach Herder zeigt sich der Erfolg und die Stärke kultureller Vollkommenheit auf einer ganz anderen Ebene als der einer Anpassung an den jeweiligen Lebensraum. Die Schönheit von Kulturlandschaft ist hiernach ein Ausdruck „für die Vollkommenheit einer historisch gewachsenen Verbindung eines Volkes mit seinem Lebensraum: Eine schöne Landschaft ist diejenige, die mittels kultureller, also künstlicher Praktiken nach dem Maß der natürlichen Vorgaben des Lebensraumes auf die einfachste Weise zweckmäßig gestaltet ist; sie ist vollkommen, insofern die ihr innewohnenden besonderen Möglichkeiten realisiert sind" (Kirchhoff 2005: 87, Vicenzotti: 150).

Insofern wird Kulturlandschaft, aus einer Perspektive der konservativen Weltanschauung, immer dann als schön betrachtet, wenn sich die Kultur vernünftig ihrem Wesen nach entwickelt und sich an den natürlichen und auch historischen Möglichkeiten des Ortes orientiert. Schöne Kulturlandschaft ist hiernach Ausdruck eines gelungenen Mensch-Natur-Verhältnisses (Vicenzotti 2011: 150).

Besonders heutzutage wird der Schutz solcher Kulturlandschaften häufig missverstanden, da oft irrtümlich davon ausgegangen wird, dass es sich bei der landschaftlichen Verbundenheit, die Menschen speziell in ihrer Heimat wahrnehmen (s.u. Heimat-Argument), größtenteils um Naturlandschaften handelt und diesen nichts Besseres widerfahren könnte, als dass der Mensch diese Gebiete vollständig dem Geschehen der Natur überlässt. Vielmehr sind diese Erscheinungsbilder aber erst durch eine generationenübergreifende Bewirtschaftung und ständige Pflege entstanden. Beispielsweise die Almen in den Dolomiten, die mit ihrem grasenden Vieh, ihrem Klang der Kuhschellen und dem bunten Blütenkleid als vollkommen natürlich empfunden werden, wären ohne eine jahrhundertelange Bewirtschaftung so nicht entstanden und würden bei einem Ausbleiben der Pflege verwildern und ihr jetziges Erscheinungsbild verlieren (Tourismusverein Villnöss 2017). Alpenweiden mit Kühen haben weder in den geografischen, noch in den faunistischen Gegebenheiten etwas mit ursprünglicher Natur zu tun. In einem natürlichen Zustand waren die Alpen, abgesehen von den fels- und gletscherbedeckten Regionen fast vollständig mit Wald bedeckt. (Bätzing 2015: 17 f., ZEIT Online 2017b). Die Überzeugung, dass es sich bei dem gegenwärtigen Erscheinungsbild der Landschaft um Naturlandschaften handelt, die einer Renaturierung und ausbleibenden Pflege bedürfen, um sich möglichst positiv im Sinne des Schutzes von Wildnis zu entwickeln, ist also schlichtweg falsch. Die Alpen wurden auch nicht erst durch die modernen Gesellschaften in ihrem Erscheinungsbild verändert. Bereits die Bauerngesellschaften haben das Hochgebirge tiefgreifend ökologisch umgewandelt und maßgeblich zu den heutigen Formen der Lebensräume beigetragen (Bätzing 2015: 17 f.). Ohne eine solch intensive Bewirtschaftung wäre die Region der Alpen heute vermutlich nur halb so schön (Tourismusverein Villnöss 2017).

5.2.2 Heimat-Argument

Das Heimat-Argument ist bereits seit den Anfängen des Naturschutzes in Deutschland vertreten worden und hat maßgeblich dazu beigetragen, naturnahe Flächen als Schutzgebiete auszuweisen. Da die Bevölkerung dazu tendiert, positive Gefühle gegenüber ihrer natürlichen und gewohnten Umgebung, in der sie mitunter bereits eine lange Zeit ihres Lebens verbracht hat, zu entwickeln, sind sie auch weitgehend positiv angesichts einer Sicherung dieser Gebiete eingestellt (Krebs 1999: 374 f., Piechocki 2010: 152 f.). Bei einer solch positiven Empfindung werden mit Heimat familiäre und sichere Gefühle verbunden. Man erfährt hier die Bedürfnisse nach Geborgenheit, Vertrautheit und Zugehörigkeit. Orte an denen man die Natur mit Heimat verbindet, stehen für einen Teil der biographischen Identität. Die Natur kann auch für einen Teil der menschlichen Individualität stehen, indem sich der Eigenwert, den die Individualität in einem guten menschlichen Leben hat, auf die Natur überträgt. Naturschutz als Heimatschutz kann sich folglich durch Respekt vor einer verbreiteten Form von menschlicher Individualität rechtfertigen (Krebs 1997: 374 f., Ott 2004: 288 f.). Eine solche Sehnsucht nach vertrauten Herkunftswellen und der in diesen Welten bewahrten substantiellen Sittlichkeit, ist noch immer eine ausgeprägte Motivationsquelle für Naturschutz (Ott 2004: 288, Krebs 1999: 55 f.).

Der Anfang der Heimatschutzbewegung wurde besonders von Ernst Rudorff geprägt, der im Jahr 1897 mit seiner Streitschrift „Heimatschutz" und dem Ausruf: „Was ist aus unserer schönen herrlichen Heimat mit ihren malerischen Bergen, Strömen, Burgen und freundlichen Städten geworden" (Ernst Rudorff, zit. n. Piechocki 157) eine Vielzahl von Gruppierungen und Vereinen erreichte, die sich ebenfalls der Förderung und dem Schutz ihrer Heimat verpflichtet fühlten. Gründe hierfür lagen in einer Bedrohung ungewohnten Ausmaßes der vertrauten Kulturlandschaften durch die zunehmende Industrialisierung, was zu einem Widerstand in der bürgerlichen Gesellschaft führte. Zum anderen sollte sich, als Reaktion auf die 1871 erfolgte Reichsgründung und den zentralistischen Tendenzen des neuen Staates, die politische Zersplitterung der Regionen nicht auch noch auf die kulturelle Regionenvielfalt auswirken.

Zu den Aufgaben des Heimatschutzes gehörten beispielsweise die Denkmalpflege, die Pflege der ländlichen und bürgerlichen Bauweise, der Schutz des Landschaftsbildes und die Rettung der einheimischen Tier- und Pflanzenwelt (Piechocki 2010: 159). Nun könnte man meinen, dass ein großer Teil dieser Aufgaben mit den Zielen der Wildnisentwicklung übereinstimmt, da die vertraute Landschaft doch schließlich geschützt werden soll. Dabei handelt es sich aber bei den meisten Gebieten, die als schön und natürlich empfunden werden, gar nicht um ursprüngliche Natur, die sich nach ihren eigenen Gegebenheiten entwickelt hat, sondern um Kulturlandschaften, die teilweise bereits seit Jahrhunderten vom Menschen bewirtschaftet und genutzt werden (ZEIT Online 2017b, Hampicke 2013). Ähnlich verhält es sich mit den geplanten Nationalparks, die durch eben diese Bewirtschaftung und Pflege in ihrem Erscheinungsbild maßgeblich geprägt sind und durch ihr über Jahrhunderte entstandenes Landschaftsbild grundlegend zu einem Gefühl der Vertrautheit in gewohnter Umgebung beitragen. Durch ein Unterlassen der Bewirtschaftung würden diese Flächen im Laufe der Zeit komplett verwildern. Daher wird unter der Berufung auf die Heimatargumente häufig gegen bestimmte Ziele des Schutzes von Wildnis oder der Ausweisung von Wildnisgebieten argumentiert (Ott 2004: 288 f.). Die Bürgerinitiative „Unser Nordschwarzwald" beispielsweise hat zur Errichtung des Nationalparks Schwarzwald klar Stellung bezogen und sieht hierin einen Verlust ihrer Heimat und fürchtet um ihr „traditionelles Waldbild". Ein „gepflegter Wald" sei „schön" und nicht „undurchdringliche Fichtenwälder", die sich durch einen „ungelenken" Prozessschutz entwickeln würden (Kirchhoff/Vicenzotti 2017: 313 f., Unser Nordschwarzwald 2017). Des Weiteren wird gegen Verbote und Nutzungseinschränkungen demonstriert, da beispielsweise die Kernzonen des

Nationalparks nicht betreten werden dürfen und der Mensch die ausgewiesenen Wege nicht verlassen darf. Besonders die Nichtnutzung natürlicher Ressourcen und das Verbot der Entnahme von beispielsweise Beeren und Pilzen, die „im Nordschwarzwald schon seit Jahrhunderten gesammelt und verarbeitet werden" stößt auf Unverständnis. Die wertvolle und nachhaltig bewirtschaftete Ressource Holz dient für viele Familienbetriebe in der lokalen Waldwirtschaft als Existenzgrundlage. Durch eine 75 prozentige Kernzone, die nach Abschluss der Entwicklungsphase vorgesehen ist, würde die Verfügbarkeit des heimischen Holzes erheblich sinken. Hierdurch sind kleine und mittelständische Sägebetriebe dazu gezwungen ihr Holz aus entfernten Regionen zu beziehen und durch ein geringes Auftragsvolumen vor Ort würde der Konkurrenzkampf um die verbliebenen Holzmengen drastisch ansteigen. (Unser Nordschwarzwald 2017). Zudem wird bei der Ausweisung eines Nationalparks oft mit einer günstigen Auswirkung auf die Biodiversität und den Klimaschutz argumentiert. In den Unterkapiteln von „Argumente gegen Wildnis" wird oder wurde bereits aufgezeigt, dass sich diese Argumente leicht widerlegen lassen (Stuttgarter Zeitung 2017).

5.2.3 Argument der Zukunftsethik

Über die Wertvorstellungen, Lebenspläne und Überzeugungen anderer Menschen können wir nur mehr oder minder wirkliche Vermutungen anstellen. Wir können auch, angesichts unseres heutigen Wissens über Eingriffe in die Natur, nicht mehr naiv davon ausgehen, dass modale Transformationen heutiger Möglichkeiten automatisch zukünftigen Generationen zugutekommen werden (Ott 2010: 111 f.). Besonders im Falle der Verwilderung von Kulturlandschaften wären die Folgen solcher Transformationen auf lange Zeit nicht absehbar. Kulturlandschaften, die heute als vollkommen natürlich wahrgenommen werden und einen Wert aus eudaimonistischer Perspektive vorweisen, würden sich in eine Richtung entwickeln, die nicht exakt vorhersehbar ist und hierdurch mitunter für zukünftige Generationen nicht mehr den gleichen eudaimonistischen Wert hat wie er heute zu einem guten menschlichen Leben beiträgt (Birnbacher 1988: 217-220, Vicenzotti 2011: 121).

Ausgehend von einem jetzigen Stand der Dinge, sollte daher eine Sicherung oder nach Möglichkeit Verbesserung des status quo angestrebt werden. Hiermit ist ein Einhalt von großflächigen Verwilderungen und eine nachhaltige Bewirtschaftung der Kulturlandschaften gemeint, wodurch eine mögliche Verschlechterung des Vorgefundenen verhindert werden soll. Der Fokus soll hierbei nicht auf einer Stabilisierung der gegenwärtigen Welt und des gegenwärtigen Menschen liegen, sondern darauf sie nach allen Möglichkeiten zu verbessern. Eine solche Verbesserung, hinsichtlich des Klimaschutzes beispielsweise, ist bei einem Ausbleiben der Bewirtschaftung von Flächen nicht gewährleistet (siehe „Werte aufgrund von Regulationsfunktionen"). Der Mensch sollte so handeln, dass die Mitglieder zukünftiger Generationen in einer Welt leben können, die reicher und nicht ärmer an kulturellen Ressourcen ist. Hiermit ist allerdings nicht gemeint, dass echte ursprüngliche Wildnis (Teile des Amazonasgebietes und des Kongo beispielweise) kultiviert werden sollen. Eine solche Handlung ist lediglich auf die bereits seit langer Zeit ohnehin schon bewirtschafteten Flächen bezogen (agr 2017, Birnbacher 1988: 218 f., SEDAC 2017).

Nach John Stuart Mill dürfe der Mensch die Natur nicht einfach hinnehmen oder nachahmen. Seine Aufgabe sei es „diejenigen Teile der Natur, auf die Einfluss zu nehmen ihm möglich ist, in nähere Übereinstimmung mit einem hohen Maßstab von Gerechtigkeit und Güte" zu bringen (John Stuart Mill, zit. n. Birnbacher 1988: 218). Aus einer rein eudaimonistischen Perspektive betrachtet ist also eine Verwilderung von Flächen, auch in Bezug auf die anderen eudaimonistischen Argumente, für das gute menschliche Leben zukünftiger Generationen, bei einer nachhaltigen Pflege der Kulturlandschaften gegenüber diesen, nicht im Vorteil. In Anbetracht der gegenwärtigen ökologischen Zustände und den nicht absehbaren Folgen des anthropogenen Klimawandels ist allerdings ein Für und Wider zu Wildnis oder Kulturlandschaft trotz alldem kaum vorherzusagen (Ott 2010, Birnbacher 1988: 217-229).

5.2.4 Differenz-Argument

In einer konservativen Perspektive ist Kulturlandschaft Ausdruck und Symbol einer gelingenden kulturellen Entwicklung. Kulturlandschaft ist ein Ort, der die kulturelle Vervollkommnung fördert und die hiermit verbundene Orientierung an Natur, Geschichte und Tradition bewahrt. Sie ist aber auch ein Ort der Befreiung von den Zwängen der triebhaften Wildnis. So wird Wildnis nach Vicenzotti als eine Sphäre der Triebgebundenheit bezeichnet. Sich den zu überwindenden Trieben hinzugeben (wild zu sein) bedeutet Unfreiheit. Wohingegen Kulturlandschaft als eine Sphäre der Freiheit durch Bindung bezeichnet wird. Ein Aufenthalt in der Kulturlandschaft ist eine gelungene Überwindung von den triebhaft-wilden Unfreiheiten der Wildnis und symbolisiert eine Freiheit durch Ursprungsnähe. (Vicenzotti 2011: 147, 172). Ihre eigentliche Bestimmung erfüllt die wahre Natur nicht in der Wildnis, sondern in der Kulturlandschaft. Entgegen einer Zuflucht in die wilde

Natur, um ein Gefühl der Freiheit zu erlangen, bezeichnet Vicenzotti das Landleben als „paradigmatische Lebensweise, die im Zusammenwirken von Natur und Kultur individuelle Vollkommenheit erzeugt" (Vicenzotti 2011: 147). Durch ein Zusammenspiel von Land und Leuten entwickelt sich eine Eigenart und Vielfalt, die zu einer charakteristischen Kulturlandschaft führt. Hierdurch wird die Kulturlandschaft als ein Organismus gedacht, in dessen Einheit aus Natur und Kultur sich der Einzelne einzuordnen hat. Durch eine Einordnung in diesen Organismus trägt der Einzelne zu einem Funktionieren des Organismusganzen bei, da auch er ohne diesen nicht leben kann. In diesem Sinne ist Kulturlandschaft also auch eine notwendige Bedingung für die Entfaltung eines guten menschlichen Lebens. Erst durch die Einordnung in einen vorgeschriebenen Zusammenhang kann "das Individuum seine Eigenart voll entfalten und dadurch wahre Freiheit erfahren" (Vicenzotti 2011: 147 f., 159). Eben diese Freiheit kann in Kulturlandschaften erlebt werden, weil das Leben in ihr als unverfälscht und naturgemäß, durch eine Orientierung am Ursprung, bezeichnet werden kann und dadurch als vernünftige Lebensweise angesehen wird (Vicenzotti 2011: 160). Durch einen Schutz von Wildnis stellt man sich also dem herkömmlichen Naturschutz, der im Wesentlichen ein (Kultur-) Landschaftsschutz ist, gegenüber und gefährdet diese Art von Freiheit. Bei der Ausweisung von Wildnisgebieten, beispielsweise Nationalparks, soll eine „natürliche Dynamik" gewährleistet werden (Kangler/Vicenzotti 2009: 302). Tatsächlich wird aber auch hierbei eine bestimmte Richtung angestrebt, in die sich die Wildnis entwickeln soll. Der Nationalpark Bayerischer Wald beispielsweise stellt in erster Linie eine Kulturlandschaft dar. Aber auch hier gibt es „Inseln der Wildnis", die allerdings entgegen vieler Gebiete in Nationalparks allgemein, von Menschen aufgesucht werden können. Hierbei handelt es sich aber nicht um unbekannte Gebiete, sondern um Orte, die gezielt aufgesucht werden können. Gerade eine solche Verbindung von Wildnis und Kultivierung steht für die Eigenart des Bayerischen Waldes. In der globalen Ökonomie kann eine Bedrohung dieser Gebiete also auch durch eine „Verwilderung" geschehen. Wildnisschutz im Bayerischen Wald kann als beunruhigend angesehen werden, da gerade die Eigenart des Erscheinungsbildes hierdurch gefährdet ist und der Besucher durch eventuelle Betretungsverbote bestimmter Gebiete das Gefühl der Differenz nicht mehr wahrnehmen kann. Hiermit ist eine Differenz zwischen Großstadt und Wald, im weitgehend ursprünglichen Sinne, gemeint und nicht eine Differenz zwischen Kulturlandschaft und Wildnis. Durch eine Reglementierung, in der die Freiheit der Natur nicht über dem Aspekt der Freiheit *von* Natur (Gefühl der Freiheit und Differenz für den Menschen) steht, wird Wildnis zu einem Ort der Sehnsucht. Bei einer strengeren Reglementierung, durch Betretungsverbote vieler Gebiete, sinkt die bürgerliche Akzeptanz und das Verständnis von einer Wildnis als ein Ort des Schreckens nimmt drastisch zu. (Kangler/Vicenzotti 2007: 302).

Besonders entgegen des Lebens in der Großstadt kann diese Bedeutung von Kulturlandschaft als Abwendung und Gegenbewegung zu der überzivilisierten und künstlichen Lebensweise betrachtet werden. Ein Leben in der Kulturlandschaft ist eine Hinwendung zu einem reinen und ursprünglichen Leben. Dieses Leben bedeutet Freiheit, da die hier erfahrbare Ursprünglichkeit von den naturentfremdeten und triebgesteuerten Zwängen der Großstadt befreit (Vicenzotti 2011: 160).

5.3 Theozentrische Werte

Bezogen auf die biblische Schöpfungslehre werden im folgenden einige Argumente dargelegt die gegen einen konsequenten Schutz von Wildnis sprechen. Die hierfür zugrunde gelegten Schriften stellen, wie aus dem Argumentationsraum der Umweltethik bereits hervorgeht, keinen Teil der Anthropozentrik oder Physiozentrik, sondern unabhängig hiervon theozentrische Werte dar (Ott 2010: 148 f.).

Für viele Christen ist die Bewahrung von Gottes Schöpfung zu einem grundlegenden Anliegen geworden. Andererseits wird nach Lynn White geltend gemacht, dass das Christentum für die Naturkrise der Moderne maßgeblich verantwortlich sei. White war nicht der erste, der eine solche These aufstellte. Ludwig Klage warf dem Christentum bereits 1913 vor, dass die christliche Liebe nur den Menschen gelte und alles andere wertlos sei. Solche Anschuldigungen sind nicht unbegründet und führen auf die von Gott auferlegte Aufgabe der Naturbeherrschung zurück. Nach " […] machet sie euch untertan und herrschet über sie […]" ist eine Beherrschung der Natur nicht nur erlaubt, sondern göttliche Aufgabe. Nach White „Man and nature are two things and man is master" wird weiter argumentiert, dass das Christentum eine naturferne Religion wurde und hiernach diese vom Menschen zu kultivieren und beherrschen sei. René Descartes bezeichnet den Menschen als „Meister und Besitzer der Natur" und vertritt die Auffassung das Natur nichts als empfindungslose Materialität ist (Ott 2010: 148 f.).

5.4 Physiozentrische Werte

Gemäß der Unterteilung der anthropozentrischen Werte in instrumentelle und eudaimonistische Werte kann auch der Physiozentrismus in zwei Gruppen aufgeteilt werden. Die erste Gruppe (Pathozentrismus/Sentientismus, Biozentrismus) setzt bei der zwischenmenschlichen moralischen Kultur an und zeigt, dass bestimmte Teile der Natur moralische Berücksichtigung verdienen. Die zweite Gruppe (Ökozentrismus/Holismus) verfolgt eine entgegengesetzte Strategie, nach der die gesamte Natur als eine verbindliche Instanz für den menschlichen Umgang mit ihr anerkannt werden soll (Krebs 1997: 346 f.).

Anhand der hierzu folgenden Argumente wird aufgezeigt, warum physiozentrische Ansätze mit einem Schutz von Wildnis oft nicht harmonieren bzw. zu Problematiken führen und paradoxerweise oft das Gegenteil der eigentlichen Absichten bewirken. Da sich der Pathozentrismus als auch der Biozentrismus für den Schutz von Arten aussprechen, im Biozentrismus jedoch sämtlichen Lebewesen ein Selbstwert zugesprochen wird und bei der Ausweisung von Wildnisgebieten auch sämtliche dort vorkommende Arten betroffen sind, wird auf die artenspezifischen Auswirkungen größtenteils im Kapitel des Biozentrismus eingegangen.

5.4.1 Pathozentrismus/Sentientismus

Wildnisschutz ist eine gute Sache und wirkt sich positiv auf bedrohte Arten aus. Diese Sichtweise hat sich in der Bevölkerung etabliert und wird als Tatsache wahrgenommen. Dabei hat der Schutz vieler Arten mitunter überhaupt nichts mit dem Schutz von Wildnis oder dem Naturschutz, wie er allgemein bekannt ist, zu tun (Kunz 2016: 15 f.). Artenschutz ist in vielerlei Hinsicht sogar das genaue Gegenteil von Wildnis. Auch wenn viele Naturschutzbehörden stetig Forderungen nach „Wildnisgebieten" und „Urwäldern" stellen, ändert sich an dieser Tatsache nichts (Mediengruppe Thüringen 2017).

Für zahlreiche Tier- und Pflanzenarten sind Kulturlandschaften wie bewirtschaftete Wälder zu unverzichtbaren Lebensräumen geworden, die sich bei einer Verwilderung dieser Gebiete so maßgeblich verändern würden, dass viele Arten mit den neu entstehenden Gegebenheiten nicht mehr zurechtkommen würden. Die heutigen Lebensräume der meisten Arten sind also seit Jahrhunderten von menschlicher Bewirtschaftung geprägt worden. Eine Wiederherstellung „ursprünglicher" Zustände dieser Gebiete nach der Aufgabe menschlicher Nutzung ist ziemlich illusorisch (Mediengruppe Thüringen 2017). Da sich der Wildnisschutz zudem vornehmlich an überindividuellen Einheiten (Spezies, Habitate, Ökosysteme usw.) orientiert und der Pathozentrismus sich lediglich auf den Schutz bestimmter Arten konzentriert, führt dies zu weiteren Problematiken bei der Ausweisung von Wildnisgebieten. (Ott 2004: 300).

Im folgenden Kapitel des Biozentrismus wird auf diese Problematiken genauer eingegangen.

5.4.2 Biozentrismus

Eine saubere Umwelt wirkt sich nicht zwangsläufig auf eine positive Entwicklung aller Arten aus. Ordnung und Sauberkeit in unserer Umwelt sind Dinge die wir Menschen brauchen, doch sind diese nicht unbedingt lebensnotwendig für viele andere Arten. Zumindest nicht in der Form, in der wir Menschen es für erforderlich halten. Das genaue Gegenteil ist sogar oft der Fall (Kunz 2016: 15 f.).

Durch den menschlichen Fortschritt, besonders in den westlich geprägten Kulturen, und die hiermit verbundene Verbesserung hygienischer Verhältnisse in Wohnräumen sind viele Spezies in die Liste der gefährdeten Arten gerutscht. Die Hausratte (*Rattus rattus*), die nicht zu verwechseln ist mit der Wanderratte (*Rattus norvegicus*), ist beispielsweise extrem selten geworden. Genauso verhält es sich mit Bettwanzen, Flöhen und Läusen. All diese Arten waren in den vergangenen Jahrhunderten sehr geläufig in Deutschland und sind es auch heute noch in vielen anderen Ländern. Die Verbesserung der hygienischen Verhältnisse, der Sauberkeit und generell Maßnahmen, die die menschliche Gesundheit fördern, haben für einen drastischen Rückgang dieser Arten gesorgt. Nun haben vermutlich die meisten Menschen für diese Arten keine besondere Vorliebe und begrüßen es sogar, dass diese kurz vor dem Aussterben stehen. Allerdings wird genau durch eine solche Sichtweise die anthropozentrische Weltanschauung eines großen Teils der Bevölkerung verdeutlicht. Es geht hierbei ausschließlich darum, was wir Menschen wollen und nicht was die Tiere wollen. Hierdurch wird auch ersichtlich, dass viele Arten sich an eine Beeinflussung der Lebensräume und der Landschaft durch menschliche Bewirtschaftung angepasst haben und somit oft auch auf diese angewiesen sind. Streuobstflächen, Wacholderheiden und Grindeflächen sind Lebensräume, die ohne menschliche Eingriffe in einer solchen Form nicht entstanden wären und bei einem Ausbleiben der Pflege verwildern würden. Wertvolle Biotope würden hierdurch verloren gehen und sich negativ auf die dort vorkommenden Arten auswirken, da diese sich nicht so schnell an die neuen Lebensräume anpassen könnten (Stuttgarter Zeitung 2017, Kunz 2016: 15 f.).

Ähnliche Konflikte entstehen bei der Ausweisung von Nationalparks. Im Nationalpark „Unteres Odertal" beispielsweise, in dem wasserbauliche Anlagen seit 100 Jahren das Überflutungsgeschehen regeln, sind durch diese künstliche Beeinflussung des Wasserstandes periodische Lebensräume entstanden, die sich unter naturnahen Überflutungsverhältnissen vollkommen anders entwickeln würden. Bei einem Ausbleiben der Bewirtschaftung solcher Flächen, durch eine Trockenlegung des Gebietes, entstehen auf den ehemals gepflegten Weiden und Wiesen keine auenspezifischen Vegetationssysteme mehr, sondern artenarme Hochstaudenflure, auf denen Brennnessel und Quecken die Oberhand gewinnen. In solch artenarmen Pflanzengesellschaften würden folglich auch nur sehr wenige Tierarten ihre Lebensraumansprüche erfüllen können. Auch die gerade floristisch sehr interessanten Trockenrasen sind auf eine Beweidung und damit eine dauerhafte Pflege angewiesen. Als anthropogen beeinflusste Standorte würden diese aus Sicht des Artenschutzes nicht als Standort für Wildnisgebiete in Frage kommen (Vössing 2004: 83 f.). Anhand dieser Beispiele wird deutlich, dass Wildnisschutz und Artenschutz nicht dasselbe sind. Dabei wird in Deutschland noch weitgehend die Auffassung vertreten, dass die Natur, ohne menschliche Eingriffe, alles Notwendige für den Schutz von Arten tun wird, um diese vor dem Aussterben zu bewahren. Gleichzeitig wird aber bei einer genaueren Betrachtung der Rote Liste Arten deutlich, dass die Mehrheit dieser keineswegs in Lebensräumen von ursprünglicher und unberührter Natur vorkommen. Orchideenhabitate beispielsweise und viele Habitate der in Deutschland vorkommenden Schmetterlinge, sind von direktem oder indirektem menschlichen Einfluss abhängig, da andernfalls die natürliche Entwicklung dieser Gebiete die Lebensraumansprüche dieser Arten auf Dauer zerstören würde. Nicht nur Trockenrasen, sondern auch Heideflächen und nährstoffarme Wiesenflächen sind für viele Arten als Lebensraum notwendig und müssen daher geschützt werden. Da diese Landschaftstypen regelmäßig durch Bewirtschaftung vor unerwünschtem Aufwuchs befreit werden, handelt es sich folglich nicht um Naturlandschaften, also nicht um ursprüngliche Natur die geschützt werden soll, sondern um einzigartige Kulturlandschaften, die durch den Einfluss des Menschen entstanden sind und sich auch nur durch einen Fortbestand der Pflege in positivem Sinne auf die dort vorkommenden Arten und das Landschaftsbild auswirken (Kunz 2016).

Besonders die Wälder haben in Deutschland einen speziellen Schutzstatus, da für die meisten Deutschen der Wald synonym mit dem Begriff Natur und der Heimat wilder Tiere verbunden werden kann. Dementsprechend trifft der Schutz von Wald auf große Akzeptanz in der Bevölkerung. Dabei sind nicht die Wälder bedroht, sondern das Offenland ist der Lebensraum, welches in den letzten 100 Jahren massiv zerstört wurde. Vor allem die industrielle Landwirtschaft hat dafür gesorgt, dass große Gebiete für viele Arten unbewohnbar geworden sind und diese Arten vom Aussterben bedroht sind. Die verbliebenden Arten haben sich auf industrielle

Brachflächen oder Truppenübungsplätze zurückgezogen. Trotzdem werden solche Gebiete, aufgrund der angeblich nicht vorhandenen Biodiversität, nicht als wahre Natur betrachtet (Kunz 2016). Dabei liefern gerade diese Flächen, wie beispielweise Truppenübungsplätze, den Arten einzigartige Lebensräume, die bei einem Ausbleiben der Bewirtschaftung verwildern würden und den Arten ihre Lebensgrundlagen nehmen würden. So haben sich beispielsweise einige Vogelarten, wie der vom Aussterben bedrohte Steinschmätzer, auf dem ehemaligen Truppenübungsplatz Münsingen im Biosphärengebiet Schwäbische Alb an die hier vorzufindenden Lebensräume angepasst. Auch der Gebirgsgrashüpfer, als seltene Heuschreckenart, bevorzugt diese Habitate und würde auf eine Verwilderung des Gebietes empfindlich reagieren. Ohne eine stabile Population und ein Fortbestehen anderer Arten würde der ökologische Kreislauf ins Wanken geraten und auf Dauer mit seinen aktuell vorzufindenden Arten kollabieren (Biosphärengebiet Schwäbische Alb 2017). Einer der wichtigsten Faktoren für den Erhalt der biologischen Vielfalt in diesem Gebiet ist eine intensive Schafbeweidung. Durch den selektiven Verbiss entstehen Kalkmagerweiden, die als besonders geschützte Biotope gelten und vielen seltenen Tier- und Pflanzenarten als Lebensraum dienen. Ein Ausbleiben der Beweidung würde zu einer Verwilderung und einem Verlust dieses ohnehin schon stark bedrohten Landschaftstyps führen. Duftende Kräuter, wie Feldthymian oder das Echte Labkraut, die als wichtige Nahrungsquelle für Schmetterlinge dienen, würden auf Dauer von Wildkräutern verdrängt werden, was zu einem Rückgang der hier vorkommenden Arten führen würde (Biosphärengebiet Schwäbische Alb 2017).

5.4.3 Ökozentrismus

Der Ökozentrismus wurde bereits in den 1920er und 30er Jahren kritisiert. Henry Gleason war einer der ersten, der die ökozentrischen Ansätze verurteilte. Nach Gleason stellen die Vielzahl an Pflanzengesellschaften in der Natur weniger Organismen dar, sondern vielmehr ein zufälliges Nebeneinander einzelner Arten und Individuen. Eine Abgrenzung zwischen den einzelnen Pflanzengemeinschaften und auch Ökosystemen sind für ihn rein willkürliche Entscheidungen (Ott et al. 2016: 174 f., Gleason 1926 16 ff.). Auch nach Arthur Tansley (1935: 300) sind Ökosysteme keine konkret in der Natur existierenden Gegebenheiten, sondern lediglich als gedankliche Hilfsmittel für den Menschen anzusehen. Durch eine uneinheitliche Abgrenzung und Definition einzelner Ökosysteme wie Wälder oder Seen und der Gewissheit, dass hieraus ein einzelner Baum oder ein Tropfen des Seewassers ebenfalls als ein einzelnes Ökosystem betrachtet werden könnte, stellen Ökosysteme für viele Wissenschaftler bloß ein metaphysisches Gebilde in den Köpfen der Forscher da. Wenn nun aber keine Einigkeit darüber herrscht, wo genau ein Ökosystem anfängt und ein anderes aufhört, auf welchen hierarchischen Ebenen wir Ökosysteme betrachten (Flechte, verrottender Baum, Buchenwald) und sich diese zeitlich durch Sukzessionsabfolgen in ihren Gegebenheiten verändern können, beispielsweise von einem Grasland über ein Buschland in einen Wald, so fällt es schwer, einem konkreten Ökosystem einen Selbstwert zuzusprechen. (Ott et al.2016: 174 f.). Es stellt sich auch die Frage nach der Hierarchie der moralischen Verpflichtungen gegenüber natürlichen Entitäten (Tiere, Pflanzen, unbelebte Gegenstände) und wie diese gegeneinander abgewogen und wie Konflikte durch diese Verpflichtungen untereinander ausgetragen werden sollen. (Flügel 2000: 49). Aufgrund einer solchen Überordnung ökosystemarer Ganzheiten über Individuen ist der Ökozentrismus sowohl aus biologischer als auch aus ethischer Sicht abzulehnen und kaum zu verteidigen (Ott 2004: 299).

5.4.4 Holismus

Angenommen auf der Erde gäbe es nur 100 Millionen Menschen und diese würden einen rücksichtsvollen Umgang mit der Natur pflegen, dann gäbe es, abgesehen vom Selbstschutz, keinen stichhaltigen moralischen Grund, durch den von den primären Zielen des Schutzes von Wildnis abgewichen werden sollte. Der Erhalt der biologischen Vielfalt, als eines der großen Ziele des Naturschutzes, wäre durch eine ungestörte Entwicklung der natürlichen Prozesse gewährleistet. Natürlich muss auch hier davon ausgegangen werden, dass Arten aussterben, allerdings gibt es bei solch *natürlichen* Artensterben für den Holismus keinen Grund einzuschreiten. Aktuell ist die Natur bezüglich des Artensterbens jedoch mit einer globalen Ausnahmesituation konfrontiert. Wenn der derzeitige Trend der Artenvernichtung anhält, werden wir es in den nächsten hundert Jahren mit dem größten Artensterben seit dem Aussterben der Saurier vor 65 Millionen Jahren zu tun haben. Nach den Schätzungen von Stuart Pimm (2002: 19 f.) ist der Mensch bei mindestens 1000 aussterbenden Arten pro Jahr für 999 von ihnen verantwortlich. Vor Heraufkunft des Menschen war es etwa eine Art pro eine Million, die im Jahr ausstarb. Aufgabe der holistischen Ethik, nach der alle Arten einen Selbstwert haben, ist es hierfür Rechnung zu tragen. Hiernach ist im Falle des Wildnisschutzes ein Selbstschutz gegeben, der zu einem Spezialfall in Naturschutzgebieten führt und somit ein Grund gegeben, nach dem ein Abweichen vom Idealziel der Wildnis abzuweichen ist. Durch die Rücknahme als falsch erkannter Eingriffe in die Natur wird oft eher zu einer Beschleunigung des Artensterbens beigetragen als zu einer Begrenzung. Beispielsweise bei einer sogenannten Moorrenaturierung eines Gebietes, das einstmals entwässert wurde und nun, wie im holistischen Schutz von Wildnis gefordert, nicht länger entwässert wird. Dies würde zwangsläufig zu einem fortschreitenden Torfschwund führen, da die Prozesse der spontanen Selbstorganisation überlassen sind. Da ein solches Verschwinden nicht „von Natur aus" stattfindet, sondern eine Folge menschlicher Entscheidungen ist, stellt sich die Frage, ab welchem Zeitpunkt eine Rücknahme menschlicher Eingriffe für den Naturschutz noch sinnvoll ist. Ist der Eingriff beispielsweise noch keine fünf Jahre her, ist es aus Sicht einer holistischen Ethik nicht nur erlaubt, sondern sogar verpflichtend solche Eingriffe in Ökosysteme schleunigst rückgängig zu machen. Anders zu bewerten wäre eine Rücknahme der Eingriffe, wenn diese bereits seit über 500 Jahren stattfinden (Gorke 2006: 93 f., 103 f.). Über einen so langen Zeitraum hat sich bereits ein neues Ökosystem herausgebildet, welches durch ein Ausbleiben der Eingriffe wieder zunichtegemacht werden würde. Aus Sicht einer holistischen Ethik lässt sich somit zusammenfassend festhalten: „Je länger ein als falsch erkannter Eingriff zurückliegt, desto weniger ist der Versuch seiner Rücknahme durch einen zweiten Eingriff angezeigt" (Gorke 2006: 104). Ein solches Prinzip ist nicht nur für das Beispiel der Moorrenaturierung anzuwenden, sondern auch für andere Naturschutzmaßnahmen. Eine Wiedereinführung lokal ausgerotteter Arten und die Bekämpfung eingeschleppter Exoten lässt sich nicht durch ein einfaches Ausbleiben der menschlichen Eingriffe rückgängig machen. Solche Maßnahmen sind nur dann gerechtfertigt, wenn die hiermit verbundenen Beeinträchtigungen nicht größer sind als die vorherigen, die es auszugleichen galt. Dementsprechend sollte es in Naturschutzgebieten Ausnahmen vom Prinzip des Wildnisschutzes geben. Da Eingriffe menschlicher Handlungen nicht von heute auf morgen rückgängig gemacht werden können, sind geplante Korrekturen solcher Eingriffe schrittweise und langfristig vom Menschen zu planen und umzusetzen (Gorke 2006: 104).

6 Argumente für Wildnis

Für eine Begründung des Schutzes von Wildnis sprechen eine Vielzahl von Argumenten, die erläutern *warum* Wildnis geschützt werden soll und auch *welche* Wildnis geschützt werden soll. In der Einleitung und im Kapitel der Kulturgeschichte wurden bereits die Entstehung und die Differenz verschiedener Ansichten zu den unterschiedlichen Formen, in denen Wildnis in Erscheinung treten kann, erläutert. Diese sind für eine Argumentation ausschlaggebend, da menschliche Wahrnehmungsmuster zu Wildnis, besonders bei der eudaimonistischen Argumentation, von entscheidender Bedeutung sind. Auch für den Pathozentrismus war ein individuelles Mensch-Natur-Verhältnis von grundlegender Bedeutung, da erst hierdurch natürlichen Entitäten ein Selbstwert zugewiesen werden konnte.

Eine übergeordnete Begründung für den Schutz von Wildnis ist stets die, dass Wildnis extrem selten geworden ist und hiermit auch der Verlust schützenswerter Güter wie Habitate, die biologische Vielfalt oder der ästhetische Wert in unmittelbarem Zusammenhang stehen. Auch eine Argumentation auf pathozentrischer Grundlage weist darauf hin, dass es *die* Wildnis nicht gibt, sondern sich hier um den Willen der jeweiligen Mitglieder der Moralgemeinschaft für einen Schutz von Wildnis ausgesprochen wird (Ott et al. 2016: 32).

Aufbauend auf den Werten der Natur aus dem Argumentationsraum der Umweltethik werden hierzu in den folgenden Unterkapiteln die einzelnen Argumente aufgezeigt und analysiert, die sich für Wildnis aussprechen.

6.1 Instrumentelle anthropozentrische Werte

Übergeordnet über den Werten der Produktions- und Regulationsfunktion steht das Basic-Needs-Argument nach Angelika Krebs (1997: 364-368, 1999: 29-34). Es besagt, dass das Verlangen nach den lebensnotwendigen Grundbedürfnissen wie Nahrung, Gesundheit und häuslichem Schutz für jeden Menschen zu einem annehmlichen Lebenswandel dazu gehört (Krebs 1997: 364).

Da unser Überleben von diesen Grundbedürfnissen, die wir aus der Natur ziehen, abhängt, ist ein ausgeprägter Schutz (weitgehend) unberührter Gebiete notwendig, um durch die Erhaltung ursprünglicher Ökosysteme die natürlichen Bedingungen hierfür zu gewährleisten. Diese Bedingungen sind durch die Ausbeutung und Zerstörung der Natur aktuell noch intensiver bedroht als im Laufe der letzten Jahrhunderte. Beispielsweise die zahlreichen Toten durch Umweltverschmutzung, der Wassermangel im Nahen Osten oder die zahlreichen Folgen des anthropogenen

Klimawandels (Krebs 1999: 29 f., Ott et al. 2016: 11). Durch großflächige Schutzgebiete, wie Nationalparks, wird dem entgegengewirkt. In diesen Gebieten kann sich die Natur vergleichsweise zu genutzten Gebieten vollkommen natürlich entwickeln und somit einen wichtigen Beitrag zu einem Erhalt der natürlichen Ökosysteme leisten (Ott et al. 2016: 31 f.). Das Argument der Grundbedürfnisse ist auch nicht, wie oft behauptet wird, erst durch die Zerstörung der Natur in der Industrialisierung zu einer solchen Bedeutung gelangt, sondern verweist bis in Zeit des antiken Griechenlands zurück, in der bereits durch Plato die verheerenden Effekte der Bodenerosion durch großflächige Rodungen der Wälder dokumentiert wurden. Wir sollten uns also nicht in wehmütigen Visionen in die Vergangenheit begeben und von einer verlorenen Naturverbundenheit sprechen. Die negativen Einflüsse der Menschheit auf die Natur sind grundsätzlich und keine moderne Entwicklung, die durch die Industrialisierung hervorgerufen wurde (Krebs 1999: 29 f.).

6.1.1 Werte aufgrund von Produktionsfunktionen

Großschutzgebiete, beispielsweise Nationalparks sind besonders dafür geeignet den Wildnisanteil in einem Gebiet zu erhöhen. Der Nutzen, den diese Gebiete erbringen hängt wiederum mit den Gütern und Dienstleistungen zusammen, die der Mensch direkt oder indirekt für seine Konsum- und Produktionsbedürfnisse hieraus ziehen kann. Bei den Produktionsbedürfnissen, zu denen die Bereitstellung von beispielsweise Wasser oder Nahrung gehören, spricht man auch von so genannten Ökosystemdienstleistungen. Hierzu zählen beispielsweise die direkten Gebrauchswerte der erneuerbaren Ressourcen (Woltering 2012: 327 f.). Hinzu kommen noch weitere Nutzen, die der Mensch aus indirekten Leistungen der Natur zieht, wie saubere Luft oder Erhalt der Bodenfruchtbarkeit. Auch die eudaimonistischen Werte der Natur beispielsweise ästhetisch ansprechende Landschaften, basieren auf einer Funktion der natürlichen Ökosysteme (Grunewald/Bastian 2013: 26 f.).

6.1.2 Werte aufgrund von Regulationsfunktionen

Neben der Produktionsfunktion kann ein Wildnisgebiet durch die Regulationsfunktion erheblichen Beitrag zu wichtigen ökologischen Funktionen leisten. Hiermit ist beispielsweise der Beitrag zur Klimaregulierung oder zum Hochwasserschutz gemeint. Solche Funktionen zählen zu den so genannten *Gebrauchswerten*, die sich wiederum in direkte (u.a. Produktionsfunktion) und indirekte Gebrauchswerte unterteilen. Die indirekten Gebrauchswerte umfassen essenzielle humanökologische Funktionen, die zwar nicht mit den ursprünglichen Zielen des

Naturschutzes in Zusammenhang stehen, sich aber durch positive Effekte auf externe Gebiete auswirken. Hierzu zählen beispielsweise Hochwasser- und Lawinenschutz und ihre Funktionen der Schadstoffsenkung, die wiederum für eine verbesserte Luft- und Wasserqualität sorgen. Indirekte Nutzungswerte ergeben sich folglich, wenn Ökosystemdienstleistungen indirekt auf Nutzungen einwirken (Woltering 2012: 327 f.).

6.2 Eudaimonistische anthropozentrische Werte

Argumente, die für einen eudaimonistischen Wert sprechen und somit zu einem guten menschlichen Leben beitragen, wurden für Naturschutzbegründungen lange unterschätzt. Erst durch eine Überwindung der Anthropozentrik und der Idee Natur um ihrer selbst willen zu schützen schien für viele die Umweltethik überhaupt erst richtig anzufangen. Infolgedessen konzentrierten sich die umweltethischen Debatten zudem zeitweilig auf eine Alternative zu den instrumentellen Nutz- und moralischen Eigenwerten, woraus der eudaimonistische Wert entstand. Vertreter der Physiozentrik kritisierten zurecht die Anthropozentrik, da diese nicht alle Intuitionen abdeckt, aufgrund derer der Mensch die Natur für schützenswert hält. Daher stellte sich die Frage welche dieser Intuitionen durch eudaimonistische Argumente abgedeckt werden können. Müssen ganze Spezies einen moralischen Eigenwert zugewiesen bekommen oder genügt es, sie aus verschiedenen Gründen als hochrangige Schutzgüter einzustufen und ihnen durch die reine Betrachtung aus menschlicher Sicht somit einen eudaimonistischen Wert zuzuweisen (Ott 2004: 283 f.)?

In den folgenden Unterkapiteln werden die eudaimonistischen Argumente des Naturschönen, der Heimat, der Zukunftsethik und der so genannten Differenz diesbezüglich analysiert und es wird aufgezeigt, wie diese sich für einen Schutz von Wildnis aussprechen (Ott 2004: 283 f.).

6.2.1 Naturästhetik

Bei einer Ästhetik der Natur spricht man von einer Schönheit und Erhabenheit, die dem jeweiligen Betrachter während eines Naturerlebnisses widerfährt (Seel 1997: 307 f.). Eine solche Anerkennung wird auch als ein ästhetischer Wertanthropozentrismus bezeichnet, der der Natur einen eudaimonistischen Eigenwert zuweist (Krebs 1996: 369 f.). Bei der Naturästhetik handelt es sich also um eine Schönheit oder Erhabenheit *für uns.* Schönheit an sich gibt es nicht. Ob etwas als Schönheit betrachtet werden kann liegt in der subjektiven Wahrnehmung des Betrachters.

Das bedeutet, dass eine Ästhetik der Natur von demjenigen Betrachter als eine leiblich-sinnliche Natur erfasst wird (Seel 1997: 313). Der Grund, dass die meisten Menschen Natur als schön empfinden liegt vermutlich darin, dass der Mensch im Laufe der Evolution stets von Natur umgeben war und sich das menschliche Auge so an die Verarbeitung von Landschaften gewöhnt hat. Dinge, die man leicht verarbeiten kann, empfindet der Mensch als schön (WeltN24 GmbH 2017). Ästhetisch interessant ist Natur also vorwiegend aufgrund ihrer nicht vom Menschen bewirkten Prozessualität. Ihre Selbstständigkeit und Veränderlichkeit ihrer Gestaltungen sowie die gigantische Fülle an Erscheinungen, die sie unseren Sinnen bietet. Hierdurch erscheint Natur anders als alles, was der Mensch vollbringen kann. Allein durch diese Andersartigkeit ist die Natur eine Quelle ästhetischer Attraktion (Seel 1997: 314 f.). Das Argument der Naturästhetik ist unterteilt in das Argument der ästhetischen Kontemplation und dem Aisthesis-Argument.

6.2.1.1 Argument der ästhetischen Kontemplation

Ein Teil dieses ästhetischen Wertes, wonach die alleinige Betrachtung von Natur durch ihre Schönheit und Erhabenheit von Bedeutung für ein erfülltes Leben ist, wird durch die „ästhetische Kontemplation" begründet. Hierunter versteht man ein aktives Empfinden während einer Situation, wobei die Empfindung nicht durch zweckmäßige Dinge beeinflusst wird (Krebs 1997: 369 f.). Um über eine Landschaft oder auch ein Bild oder Musik rein ästhetisch nachzudenken muss der Betrachter in eine unvoreingenommene Auffassung hierzu treten. Die ästhetische Kontemplation ist also eine nicht-funktional geleitete Wahrnehmung eines Objektes (Krebs 1999: 43 f.). Das Prüfen eines Gemäldes auf seinen finanziellen Wert beispielsweise ist keine ästhetische Kontemplation, da die Wahrnehmung hierzu von bestimmten Funktionen geleitet ist. Der Betrachter lässt sich hierdurch nicht uneingeschränkt auf das Gemälde ein. Wohingegen bei einer reinen Betrachtung, ohne vorherige Beeinflussung zu dem Objekt, ein nicht-instrumentelles, unabhängiges Verhältnis entsteht, auf das man sich unvoreingenommen einlässt (Krebs 1997: 370).

Generell kann jedes Objekt zu ästhetischer Kontemplation werden. Logischerweise gibt es aber Objekte, wie ein gewaltiger Wasserfall oder ein schneebedeckter Gipfel, die durch ihre Ausstrahlung einen hohen ästhetischen Eigenwert haben, wohingegen ein Kugelschreiber kaum einen Eigenwert besitzt (Krebs 1997: 372). Der Grund für eine Ausführung dieses Argumentes ist, dass die Natur für viele Menschen mehr ist als nur eine Ressource. Sie hat einen eigenen Wert, der für uns zu einem guten menschlichen Leben beiträgt. Da die anthropozentrische Ethik der Natur jeglichen Eigenwert abspricht, misstrauen viele dieser Argumentationsbasis und widmen ihre ganze Sympathie den Physiozentrischen Argumenten. Anhand des Arguments der ästhetischen Kontemplation wird aber deutlich, dass eine anthropozentrische Sichtweise und die einer Anerkennung eines Eigenwertes der Natur, in gewissen Punkten durchaus Gemeinsamkeiten aufweisen können. Eine Differenzierung der verschiedenen Eigenwertbegriffe, des ästhetischen und des moralischen, wurde bereits in dem Kapitel des Argumentationsraums der Umweltethik behandelt. Unabhängig vom Anthropozentrismus und Physiozentrismus findet sich zusätzlich der absolute Eigenwert, der unabhängig vom Menschen und all seinen Bedürfnissen, die an sich gut sind (also z.B. auch alles bevor es überhaupt Menschen gab) steht (Krebs 1996: 32 f.). Der ästhetische Wert wird also vielmehr damit erreicht, dass Natur nicht nur für uns da ist und auch nicht von uns gemacht wurde. Wenn wir der Naturästhetik keine Beachtung schenken würden, so würde es auch keinen ästhetischen Wert geben. Auch wenn diese Sichtweise einer instrumentellen Wertzuweisung nahekommt, so ist doch gerade diese eine nicht-instrumentelle, da der Natur durch uns ein Eigenwert zugewiesen wird. Es handelt sich zwar um einen *Eigenwert für uns*, aber gerade eine anthropozentrische Wertzuweisung ist im Naturschutz mit einer größeren Akzeptanz verbunden als eine physiozentrische (Seel 1997: 307 f.).

Der ästhetische Eigenwert der Natur wird zudem auch oft missverstanden, wonach die Natur ausschließlich als ästhetische Ressource betrachtet wird. Im Gegensatz zur aisthetischen Naturerfahrung ist es für die ästhetische Kontemplation nämlich konstitutiv, dass man in ein nicht funktionales Verhältnis zu dem Objekt tritt, sich auf dieses einlässt und als autonom betrachtet (Krebs 1997: 369 f.). Eine Fehleinschätzung ist es allerdings, wenn man dem nicht-instrumentellen Wert der Natur in der ästhetischen Kontemplation direkt einen Eigenwert zuschreibt, nach dem die Natur um ihrer selbst willen zu schützen ist. Der ästhetische Eigenwert der Natur ist, um dies noch einmal zu verdeutlichen, kein moralischer Eigenwert, sondern er leitet sich von dem Wert ab, den die Betrachtung der Natur für den jeweiligen Betrachter ausübt (eudaimonistischer Wert). Das Schützen von ästhetisch wertvoller Natur ist dem Betrachter geschuldet und nicht der Natur selbst. Hiernach steht im Anthropozentrismus noch immer das Ziel eines guten menschlichen Lebens vor dem Guten der Natur selbst (Krebs 1997: 372).

Ein oft genannter Einwand hiergegen besagt, dass ästhetische Kontemplation zwar eine Grundoption für das gute menschliche Leben sei, dass diese aber nicht nur in der Natur anzutreffen sei, sondern auch in der künstlichen Artefaktenwelt, z.B. der Architektur, Literatur oder Malerei. Der Verlust von ästhetisch attraktiver Natur könnte hiernach durch die Artefaktenwelt ausgeglichen werden. Um diesem Argument entgegenzuwirken müssten die Empfindungen von Natur und Kunst miteinander verglichen werden, wobei es zu einigen ausschlaggebenden Unterschieden kommt. Besonders Wildnis, als das vom Menschen unbeeinflusste, wird ästhetisch dadurch interessant, dass keine Spuren menschlicher Zwecksetzung aufgewiesen werden. Hierdurch wird ein ästhetischer Reiz geboten, den beispielsweise Kunstwerke nicht bieten können. Im Gegensatz zur Kunst werden bei der Erfahrung von Natur nicht nur bestimmte, sondern alle Reize angesprochen. Besonders das Zusammenspiel verschiedener Sinne, wie dem Fühlen und Schmecken, spielt in der Kunst nur eine geringe Rolle. Der naturästhetischen Erfahrung wird hierdurch Besonderheit in der Qualität zugewiesen, den die Artefaktenwelt nicht bieten kann (Seel 1997: 310-316).

Eine Erfahrung von Freiheit in der Natur jenseits der vom Menschen beherrschten Welt zeigt, dass diese einen beispiellosen Wert für unser aller Wohlergehen mit sich bringt. Hierdurch erreichen naturästhetische Erfahrungen eine Qualität, die durch den Besuch eines Theaters oder Museums nicht ersetzt werden können. Selbst einzigartige durch Menschenhand geschaffene Artefakte wie das Ulmer Münster können mit dem Erscheinungsbild ursprünglicher Natur nicht mithalten. Um einen Verlust solch spektakulärer Naturschauspiele wettzumachen, müssten schon Kunstwerke in Form und Größe eines Hochgebirges erschaffen werden. Das ist zwar möglich aber vollkommen utopisch. Doch selbst wenn ein Monument solch einer Größe errichtet werden würde, so würde der alleinige Aufwand, im Gegensatz zu dem bloßen Dasein der Natur, in den Schatten gestellt werden. Allein durch die Planung und Umsetzung durch den Menschen selbst, würde auch ein gewisser Teil der Anziehung verloren gehen und der Reiz den die Natur bietet hiermit niemals erreicht werden können (Krebs 1997: 372 f.).

Ein weiterer Unterschied zwischen dem Naturschönen und dem Kunstschönen ist der Status der Erhabenheit, den die Natur aufweist, z.B. der Anblick eines hohen Wasserfalls, der weiten des Ozeans oder eines gewaltigen Wirbelsturms. Nach Kants Unterscheidung des mathematisch Erhabenen und des dynamisch Erhabenen, gibt es zwar beide Varianten in der menschlichen Artefaktenwelt, doch kann diese mit der Natur nicht mithalten. Hier wird noch einmal der Aufwand und die

Utopie eines künstlichen Ausgleiches für die Natur deutlich gemacht (Kant 1974: 73 f., Krebs 1997: 373). Auch die Tatsache, dass der Mensch es wäre, der diesen Ausgleich für die Natur erschaffen würde, dies aber auch lassen könnte, nimmt dem Ganzen etwas von seiner Kraft. Zudem hätten wir über das Künstliche eine Macht, die wir über die Naturgewalten niemals haben werden (Krebs 1997: 373).

Wir nehmen Natur nur durch unsere Verhältnisse zu ihr wahr und können den Wert nur anhand dieser Verhältnisse bestimmen. Ein epistemischer Anthropozentrismus ist somit nicht gänzlich zu vermeiden. Wohingegen ein strenger *instrumenteller Anthropozentrismus* sehr wohl vermeidbar ist. Die ästhetische Naturauffassung zeigt, dass Natur nicht nur als Quelle für natürliche Ressourcen schützenswert ist, sondern allein durch ihre bloße Existenz eine immense Bedeutung für unser geistiges Wohlempfinden darstellt. Durch einen bestimmten Zustand von ästhetischer Besonderheit kann Natur somit nicht um ihrer selbst willen, aber für das gute Leben des Betrachters durch einen eudaimonistischen Eigenwert geschützt werden, wobei der Wert einer Anerkennung von der Art und Besonderheit der Begegnung abhängt, unter der die Situation erfahren wurde (Krebs 1999: 44-46, Krebs 1997: 372 f., Seel 1997: 314-316). In diesem Fall ist der ästhetische Wert der Natur kein Wert, der sich als absolut darstellen lässt, sondern durch seine Vielfalt, Eigenart und Schönheit ein Eigenwert für uns als Menschen. Erhabene Natur lässt sich nicht durch eine artifizielle Umwelt ersetzen und dass wir Maßnahmen ergreifen müssen um diese zu schützen, besagt bereits, dass wir einen Teil dieser natürlichen Kraft verloren haben (Seel 1997: 315 f., Wang 2016: 142 f.).

6.2.1.2 Aisthesis-Argument

Nach dem aisthetischen Argument (von griech. *aisthesis*: sinnliche Wahrnehmung) kann ursprüngliche Natur als eine Quelle für angenehme physische und psychische Empfindungen stehen. Hierfür steht beispielsweise ein wohltuender Spaziergang durch den Wald, ein Bad in einem Fluss oder dem Gesang der Vögel zu lauschen. Auch der Genuss eines wildwachsenden Apfels oder die empfundene Freude an einem sonnigen Sommertag spiegelt ein Bedürfnis nach Natur der Menschen wieder (Krebs 1997: 368 f.).

Bei einem weiteren Verlust ursprünglicher Natur nehmen wir in Kauf immer mehr Möglichkeiten, solch erfüllender Naturerlebnisse zu verlieren. Nicht nur aus Eigeninteresse, sondern auch aus einer moralischen Rücksicht auf das Leben anderer und der zukünftigen Generationen, sollten wir die Natur so erhalten, dass weiterhin die Möglichkeit besteht solch bedeutende aisthetische Naturerfahrungen wahrnehmen zu können. Die Erfüllung der Grundbedürfnisse gehören unumstritten zu einem erholsamen guten Leben dazu, wobei sich das von einer aisthetischen Naturerfahrung nicht unbedingt sagen lässt. Ein Ausbleiben dieser Naturerfahrungen führt nicht zwangsläufig zu einem weniger erholsamen Leben. Jedoch liefert das Argument der Aisthetik mehr als nur die subjektive Präferenz mancher Menschen gegenüber differenzierter Präferenzen anderer wieder. Aisthetische Naturerfahrungen spiegeln eine essenzielle Möglichkeit zu der Erfahrung eines guten menschlichen Lebens wieder. Dies mag nicht unbedingt der Empfindung der gesamten Bevölkerung entsprechen, aber ist es nicht unsere Pflicht aus moralischer Rücksicht gegenüber anderen, diese Optionen für ein gutes menschliches Leben für diejenigen zu erhalten, die diese Option für sich entscheiden (Krebs 1999: 368)? Hier könnte nun wieder mit dem Punkt gegenargumentiert werden, dass eine solche Erfüllung guten menschlichen Lebens nicht nur in der Natur zu finden sei, sondern auch in der Artefaktenwelt des Designs. Allerdings können Empfindungen zu künstlichen Nachahmungen wohl kaum die der Natur gegenüber, wie z.B. das Genießen der Sonne an einem heißen Sommertag oder das Bewundern einer sternklaren Nacht kompensieren (Krebs 1997: 368 f.). Viele behaupten vielleicht dennoch, dass sie auf Naturerfahrungen solcher Art oder generell verzichten könnten, da sie keinerlei positive Empfindungen hierbei spüren. Hierbei handelt es sich aber eher um Ansichten und weniger um Gefühle oder Empfindungen einer bestimmten Sache gegenüber. Auch wenn Ansichten ein wesentlicher Bestandteil unseres Denkens sind, lassen sich diese leichter ändern als Empfindungen. Wir können nicht einfach anfangen eine bestimmte Sache zu mögen, die wir bisher nicht leiden konnten. So ist beispielsweise nicht davon auszugehen, dass jemand der sein Leben lang den Geschmack eines bestimmten Gemüses nicht mochte dieses irgendwann zu seinem Leibgericht macht. Ähnlich verhält es sich mit der Wahrnehmung von natürlichen Gegebenheiten und künstlichen Gegenständen. Die Bewertung und Empfindung gegenüber Wildnis ist zu einem großen Teil unabhängig von unserem Willen und unseren Ansichten. Selbst der Natur eher abgeneigte Menschen empfinden doch auch an einem sonnigen Tag oder einem kleinen Spaziergang im Wald überwiegend positive Gefühle (Krebs 1999: 35 f.). All diese Möglichkeiten der Empfindungen würden durch mangelnden Schutz von Wildnis gemindert, da die zunehmende Sehnsucht von Menschen nach ursprünglicher oder wenig überformter Natur besonders stark in der Bevölkerung vorhanden ist (Piechocki et al. 2010: 38).

Solch eudaimonistischen Werten ist in den Begründungsdebatten des Naturschutzes in den vergangenen Jahrzehnten zu wenig Aufmerksamkeit gewidmet worden.

Neben den instrumentellen Nutzwerten muss mehr Wert auf die Schönheit, Erhabenheit und Eigenart der Natur gelegt werden. Nicht nur der Erhaltung des Naturschönen, sondern auch dem Differenz-Argument sollte eine besondere Bedeutung als eudaimonistischer Wert zukommen. Die Erfahrung von Wildnis, die zivilisationsgeprägte Menschen in der Natur machen, gibt ihnen etwas Wichtiges für ihr Leben. Erfahrungen und Erholung in ursprünglicher Natur gehört zu einem guten menschlichen Leben. Schließlich ist es doch die Artefaktenwelt, mit ihren Städten, Autobahnen, Fabriken und Hochhäusern, die der Grund ist für deprimierende und unangenehme Empfindungen. Der Glaube, dass eine technokratische Nachahmung der Natur möglich wäre erscheint unvorstellbar und vollkommen utopisch. In einer eudaimonistischen Perspektive, die das gute menschliche Leben durch positive Empfindungen bei einer ästhetischen Erfahrung von Natur beschreibt, ist der Schutz von Wildnis also eine dem Landschaftsschutz und dem Artenschutz mindestens ebenbürtige Leitlinie des Naturschutzes (Piechocki et al. 2010: 35-38, Krebs: 368 f.).

6.2.2 Heimat-Argument

Obwohl die meisten Menschen sich gegen Nationalparks aussprechen, da sie sich auf den Wert der Heimat berufen, der nicht zu Wildnis werden dürfe, können Wildnisgebiete in einem erweiterten Sinn durchaus mit der kulturellen Identität und der Interessengemeinschaft eines Ortes in Verbindung gesetzt werden. Dieses Argument wurde bereits um 1930 von Hans Schwenkel als ein Konzept der „Urlandschaft" vertreten. Hiernach können bestimmte Gebiete sekundärer Wildnis an den Sinn für die naturräumlichen Gegebenheiten, also der potenziellen Natur, die sich entwickeln würde, wenn die Bewirtschaftung eingestellt würde, erinnern.

Im heutigen Argumentationsraum der Umweltethik lässt sich das Konzept der potenziell natürlichen Vegetation im Sinne des sogenannten „heritage value" rekonstruieren. Dies besagt, dass der Schutz von Wildnis, in einem dialektischen Sinne, die ursprüngliche Natur aufhebt. Die Naturgeschichte soll auch in Zeiten vorherrschender Kulturlandschaften als Erinnerung aufbewahrt werden. So tragen wir als eine Anerkennung und Achtung gegenüber der Natur, die uns seit vielen Generationen hinweg (er)trägt, durch einen Erhalt ursprünglicher oder weitgehend ursprünglicher Zustände, soweit dies unter den heutigen Gegebenheiten noch möglich ist, zu einem aktiven Wildnisschutz bei (Ott 2015: 93 f.).

6.2.3 Argument der Zukunftsethik

Das einzige uns bekannte Wesen, das Verantwortung haben kann, ist der Mensch. Indem er sie haben kann, hat er sie (Jonas 1997: 165). Nach Hans Jonas liegt die ethische Fähigkeit zur Verantwortung für unsere Umwelt und die der zukünftigen Generationen in der ontologischen Befähigung des Menschen zwischen den Alternativen des Handelns mit Wissen und Wollen zu wählen. Das heißt, dass Verantwortung komplementär zur Freiheit ist. Durch das Ausüben oder Unterlassen einer Tat ist der Mensch für diese verantwortlich, unabhängig ob jemand ihn jetzt oder später dafür zur Verantwortung zieht. Wofür wir verantwortlich sind, sind logischerweise die Folgen unseres Tuns (Jonas 1997: 165-168). Die Menschheit von heute ist also verantwortlich für die Bedingungen unter denen die Menschen der zukünftigen Generationen leben werden. Es steht in unserer Macht, dass wir unseren Nachfahren einen weit weniger angenehmen Planeten hinterlassen, als wir ihn von unseren Vorfahren geerbt haben. Es liegt an uns, ob wir uns immer weiter vermehren, die fruchtbaren Böden weiter veröden, Flüsse, Seen und Meere mit unseren Abfällen belasten, Wälder abholzen und die Atmosphäre mit Giftgasen verpesten. Nachdenkliche Zeitgenossen sind sich darüber einig, dass wir all dies natürlich nicht tun sollten (Feinberg 1996: 171 f.). Dem Umfang und der Zeitspanne nach zu urteilen, in der sich die gravierenden Umweltprobleme entwickelt haben, liegen diese Folgen unmittelbar in unserer Macht. Da die Ausmaße der Größe unserer Macht offenbar von enormer Bedeutung sind, wächst mit der Macht auch die Verantwortung (Jonas 1997: 166). Wenn es heute in unserer Macht steht natürliche Prozesse der Natur zu unterbinden oder zu beeinträchtigen, so stehen die Folgen, die die zukünftigen Generationen hierdurch erfahren, in unserer Verantwortung. Die Erhaltung unserer Umwelt ist also nicht nur moralisch gefordert. Wir sind unseren Nachkommen um ihrer selbst willen verpflichtet ihnen die Erde nicht als bloße Müllhalde, ohne Artenvielfalt und ästhetische ansprechende Natur und einer gesundheitsschädlichen Atmosphäre zu hinterlassen (Feinberg 1996: 170 f.).

Eine Verantwortung für zukünftige Generationen reicht jedoch nach Dieter Birnbacher nicht über eine Abwehr von möglichen Gefahren hinaus. Sie erfordert nicht nur die Erhaltung des aktuellen Zustandes, sondern auch eine Steigerung und Verbesserung der vorzufindenden natürlichen Umwelt. Der Mensch darf die Natur nicht einfach nur hinnehmen oder nachahmen. Seine Aufgabe ist es, die Teile der Natur auf die er Einfluss nehmen kann, wo immer möglich zu verbessern. Ein erster Anwendungsbereich hierzu betrifft die natürlichen Lebensgrundlagen. Die erheblichen Verluste ursprünglicher Natur und Biodiversität hängen stark mit unserem immer weiter voranschreitenden Konsumverhalten zusammen (Birnbacher 1988: 218). Um eine weitere Ausplünderung, Artenverarmung und Verschmelzung des Planeten aufzuhalten, der Erschöpfung seiner Vorräte und dem Klimawandel entgegenzuwirken, ist eine neue Mäßigkeit in unserem Konsumverhalten notwendig. Nicht umsonst galten Mäßigkeit und Enthaltsamkeit lange Zeit als obligate Tugenden und die Völlerei als eine der sieben Todsünden (Jonas 1997: 175). Die stetige Erhöhung der Ressourcennachfrage und der verstärkte Verlust von Lebensräumen führt logischerweise auch zu einer beträchtlichen Abnahme ursprünglicher Natur. Selbst für den Anbau nachwachsender Rohstoffe müssen Natur und Wildnis noch immer weichen (Weisman 2014). Für den einzelnen Bürger heißt das nicht nur, nicht mehr zu verbrauchen als nachwächst, sondern bei einer wachsenden Bevölkerung eher pro Kopf weniger(!) zu verbrauchen als nachwächst (Birnbacher 1988: 222-225). Zwar können die Nachfahren, der heute lebenden ihr Recht hierauf nicht einfordern, da sie noch nicht existieren. Allerdings gibt es bereits heute eine Vielzahl an Anwälten, die in ihrem Namen sprechen und für Generationengerechtigkeit eintreten. Die Schwierigkeit liegt auch nicht darin, dass wir es anzweifeln, ob wir einmal Nachfahren haben werden, sondern darin wer sie sein werden. Diese zukünftigen Generationen haben keine Merkmale, die wir schon heute klar ausmachen können. Wir wissen nicht, wie sie heißen, wer ihre Eltern sind oder ob sie überhaupt mit uns verwandt sind. Uns beunruhigt nicht ihre zeitliche Ferne, sondern ihre Unbestimmtheit. Doch selbst, wenn wir nicht wissen, wer unsere Nachfahren im Einzelnen sein werden, so können wir doch mit ziemlicher Gewissheit sagen, dass auch diese ein Interesse an fruchtbaren Böden, sauberem Trinkwasser und frischer Luft haben werden. Sie werden Interessen haben, die wir heute zum Guten oder Schlechten beeinflussen können. Allein dies genügt, um heute von ihren Rechten sprechen zu können (Feinberg 1996: 172 f.).

Die Größe unserer Macht, hängt mit der modernen Technik zusammen. Sie übertrifft quantitativ und qualitativ alles in der Natur Dagewesene und was der Mensch mit sich selbst und der Natur tun konnte. Es braucht nicht viele Worte darüber zu verlieren, dass diese Technik im Guten wie auch im Schlechten seine Auswirkungen hat. Die negativen Folgen des technischen Fortschritts sind den Menschen nicht schon immer bewusst gewesen, aber sie sind es heute mit steigender Deutlichkeit. Das vorhandene Bewusstsein dieser Folgen führt zu einer nötigen Zukunftsethik, die sich für zukünftige Generationen verantwortlich macht. Wir müssen das Wissen über die Folgen unseres Tuns maximieren, denn auch zukünftige Generationen möchten in den Genuss von ursprünglicher Natur kommen und Wildnis erleben können. Da wir ihnen Vermächtnisse der Kunst und Literatur hinterlassen, aus der Eindrücke und Vorstellungen dieser Naturschauspiele entstehen, wäre es verantwortungslos und egoistisch ihnen das Erleben hiervon in der realen Welt zu verwehren. Die Folgen des planenden Handelns zu bedenken gehörte seit jeher dazu, wobei die Spanne des Vorhersehens jedoch oft auch kurz war. Die Größenordnung der menschlichen Unternehmungen ist durch das Zeitalter der Technik ins unermessliche gewachsen, wodurch die Fernwirkungen berechenbarer aber auch widerspruchsvoller geworden sind. Damit die Welt der zukünftigen Generationen, der von heute noch ähnlich sein wird, muss das Vorwissen der verheerenden Folgen größeres Bewusstsein erlangen, um die negativen Folgen auf ein Minimum zu begrenzen. Die Natur darf nicht der Hochflut technologischer Entwicklungen, wie industrieller Landwirtschaft, Kohlekraftwerken und Städtebau zum Opfer fallen, sondern muss, besonders aufgrund der bereits heute stark vorhandenen Sehnsucht nach Wildnis, dringend geschützt werden (Jonas 1997: 167-170).

6.2.4 Differenz-Argument

Im Gegensatz zu den mitunter schwer erträglichen Zwängen der urbanen Zivilisation und der hiermit verbundenen Zweckhaftigkeit wird die Natur oft als ein Zufluchtsort angesehen, der eine positiv und als wertvoll empfundene Differenz hierzu darstellt. Die Natur wird somit für eine Vielzahl von Menschen als ein emotional unverzichtbarer Gegensatz zu der künstlichen Artefaktenwelt angesehen und als eine Quelle der Lebensfreude betrachtet (Ott 2004: 287).

Man kann sich natürlich fragen ob Erfahrungen wilder Natur lebenswichtig sind, vor allem da diese in Mitteleuropa bereits heutzutage sehr selten geworden sind. Wem aber eine Begegnung mit wirklich wilder Natur widerfahren ist, der hat in den meisten Fällen Dinge gesehen, die bei demjenigen eine nachhaltige Wirkung hinterlassen haben. Bei dem gleichzeitigen Erleben von Andersartigkeit und Vertrautheit spürt selbst der Großstadtmensch eine tiefe Verwandtschaft. Das Gefühl von Freiheit in der Natur verbunden mit ihrer Wildheit und Spontaneität stellt eine Gegenwelt zu der durch Einengung und Hektik geprägten Zivilisation dar. Die Wahrnehmung von Natur ist leiblich, spontan und unregelmäßig wohingegen die der Stadt als kontrolliert, geradlinig und konstruiert empfunden wird (Birnbacher 1998: 31 f.). Die Natur als Differenz zu unserer kulturell geprägten Welt wirkt „[...} als Katalysator für das Naturhafte in uns selbst und als Brücke zum kreativen Potential des eigenen Unbewußten. [...] Die Begegnung mit der Natur macht uns *leitfähig* für die Natur in uns" (Birnbacher 1998: 31). Erfahrungen in der Wildnis können einen Sinn für die Vergänglichkeit der Menschen vermitteln und hierdurch die Sichtweise zu dem eigenen Leben und auch zu unseren Mitmenschen wohltuend verändern. Naturerfahrungen können den Egoismus und andere Eitelkeiten, die uns der Konkurrenzdruck und das Wirtschaftsleben in der urbanen Zivilisation vermitteln, reduzieren und uns hierzu eine gewisse Distanz wahren lassen. Ohne eine solche Differenz-Erfahrung würden wir uns in den Mischungen aus ärgerlichen Sachzwängen und kunterbunten Nichtigkeiten verlieren, mit denen wir alltäglich konfrontiert werden. Auch ein Argument der Tugendethik, dass vom Menschen nicht alles in Beschlag genommen und darüber verfügt werden darf, muss aufgebracht werden. Wenn wir nicht bereit sind etwas zu teilen, werden wir uns auch selbst moralisch sowie existenziell gefährden. Wildniserfahrungen führen uns in starkem Kontrast vor Augen, dass wir Menschen einen Großteil der gesamten Landfläche wie selbstverständlich und ohne Rücksicht auf andere Lebewesen für uns unsere Zwecke beanspruchen. Solche Erfahrungen rufen die naturethische Frage hervor, ob wir nicht bereit sein sollten das Land in größerem Maße mit anderen Lebewesen zu teilen, als es bisher der Fall ist (Ott 2015: 94 f.). Zudem wäre es „tugendethisch auch dann richtig Natur in Ruhe zu lassen, wenn ein Eingriff niemanden direkt schaden würde" (Ott 2004: 288).

Die Erfahrung der Differenz zwischen Natur und Kultur lehrt uns, dass die Rhythmen und Zyklen der Natur von einer anderen Art sind als die der Ökonomie und der Politik und eben diese nicht überzubewerten. Erfahrungen in wilder Natur erschaffen uns unverhoffte Momente ruhiger Besinnung, die uns vor einer apokalyptischen Panikmache, wie wir sie mitunter durch die Hektik der Zivilisation erfahren, bewahren können. Solche Erfahrungen können uns Zeit geben und hierdurch die Angst vor zukünftigen Herausforderungen nehmen. Wilde Natur lehrt und mit Geduld an Dinge heran zu treten. Besonders in unwirtlichen Gebieten ist die Erfahrung der Differenz besonders intensiv. Gebirge, Urwälder und Meere sind Gebiete, an denen man als Mensch denkt im Grunde nichts verloren zu haben. Solche Erfahrungen einfachster und intensivster Differenz laden uns ein an diesen Orten zu verweilen und sind dennoch zur gleichen Zeit mit einer Art von Todesfurcht vermischt. Wir wissen, dass uns ein verweilen an diesen Orten nicht dauerhaft vergönnt sein kann und mitunter tödlich ist (Ott 2015: 210 f.). Eine Erfahrung von Differenz beinhaltet also zugleich die Versuchung, beispielsweise im Gebirge, auf Eis oder beim Tauchen unter Wasser, „den einen Schritt zu weit zu gehen" und trotzdem zurück zu kommen (Ott 2015: 211).

Sicherlich ist ein großer Teil des „Zaubers", der uns bei anthropogen nicht oder kaum überformten Landschaften widerfährt, durch eine Betrachtung des Schönen und Erhabenen der Natur begründet und auf die reine Ästhetik der Natur bezogen. Dennoch ist die Erfahrung des Verzaubert-Werdens durch bestimmte Atmosphären, an denen die Differenz zwischen Natur und Zivilisation einem nicht kognitiv klar wird, eine Erfahrung die leiblich spürbar ist und *uns* verzaubert. Diese Erfahrungen können schaurig und erschreckend sein und somit den Sinn für ein gesellschaftliches Grauen schärfen oder sogar den Bann über einer scheinbar unveränderbaren Gesellschaft lösen. Der Schritt zurück von der Natur in die Kultur kann nach einer Differenzerfahrung leichter fallen. Somit ist die Erfahrung der Differenz keineswegs den Bewohnern von Grenzstandorten vorbehalten, sondern kann auch denen widerfahren die diese aus freien Stücken aufsuchen. Solche Personen sollten die Erfahrung der Differenz allerdings nicht suchen, um es im Gehäuse der Zivilisation aushalten zu können, sondern um dieses zu transformieren (Ott 2015: 210 f.).

6.3 Theozentrische Werte

Nach Jürgen Ebach wird der priesterliche Schöpfungsbericht, der die Erschaffung des Menschen einschließt, als eine „Ursprungsutopie" bezeichnet und besagt wie wir Menschen eigentlich gemeint gewesen sind (Ott 2010: 153 f.). Der Herrschaftsauftrag kann demzufolge nach „Mehret euch, füllet an die Erde und betretet sie" auch nicht wie eine grundsätzliche Erhabenheit über andere Bewohner der Erde angesehen werden, sondern so, dass die Schöpfung erfüllt sein soll von Ebenbildern Gottes. Eine solche Ebenbildlichkeit Gottes wird hierbei nicht als äußerliche Gestaltähnlichkeit interpretiert, sondern als eine „Zeichenhaftigkeit". Das heißt überall wo Menschen auftreten, soll die Wirklichkeit dessen bezeugt werden, der die Natur geschaffen und sie unter Einbeziehung des Menschen für „sehr gut" befunden hat. Eine solche Bestimmung der Ebendbildlichkeit zwischen Mensch und Natur zeigt auf, wie die Erde aussehen könnte, wenn Menschen diese Aufgabe richtig verstehen würden (Irrgang 1992, Ott 2010: 154 f.).

Nach Psalm 96 ist die Natur auch nicht wert- und sprachlos. Hier heißt es, dass die Erde und das Feld fröhlich jauchzen, das Meer brausend dröhnt und alle Bäume im Wald jubeln werden. Eine eigenständige Potenz der Erde zeigt sich auch darin, dass Gott die Pflanzen nicht selbst geschaffen hat, sondern der Erde hierzu den Auftrag gab. Die Erde „sprießen zu lassen" und eine vegetabilische Schicht entstehen zu lassen, die wiederum den Tieren als Nahrungsquelle dienen zeigt, dass alle natürlichen Entitäten auf der Erde einen Zweck erfüllen.

Die Erde, welche mit Pflanzen bewachsen und bedeckt und von Tieren und Menschen bewohnt ist, unterteilt sich in unterschiedliche Lebensräume. Teilweise sind diese für die Menschen zum Leben geeignet und teilweise ungeeignet oder unwirtlich (Wüsten, Sümpfe, Felsen). Diese Wildnisse, bei denen es für den Menschen wenig Sinn macht diese zu betreten und es zudem gefährlich und unklug wäre sich hier niederzulassen können durchaus unbehelligt gelassen werden (Ott 2010: 157 f.). „Der Schutz von Wildnis wäre im biblischen Denken nicht die Krone des Naturschutzes, sondern ein kluges und bescheidenes Absehen von dem Versuch, alles unter den Fuß nehmen zu wollen. Menschen sollen Wildnis Wildnis sein lassen und in diesem Sinne die Erde mit anderen Lebewesen teilen" (Ott 2010: 160).

Zusammenfassend lässt sich die Aufgabe des Menschen so formulieren, dass er im Segen und als Zeichen auf der Erde inmitten der Schöpfung auftreten und sie so erfüllen kann. „Inmitten" kann hierbei wie die häufig zitierten Worte Albert Schweitzers interpretiert werden: „Ich bin Leben, das leben will, *inmitten* von Leben, das leben will" (Ott 2010: 157 f.)

6.4 Physiozentrische Werte

Physiozentrische Ansätze gehen von einer Wertzuweisung leidensfähiger nichtmenschlicher natürlicher Entitäten, bis hin zu der Anerkennung eines Selbstwertes von unbelebter Materie wie beispielsweise ganzer Ökosysteme aus. Die Frage nach einer physiozentrischen Argumentation geht hierbei aber nicht nur um das „Was soll geschützt werden", sondern vielmehr auch um das „Warum?". Im Laufe der umweltethischen Thematisierung haben sich hieraus unterschiedliche Ansätze entwickelt, die nachfolgend analysiert werden. Die Reihenfolge, nach der diese Ansätze (Pathozentrismus/Sentientismus, Biozentrismus, Ökozentrismus und Holismus) behandelt werden, geht einher mit einer zunehmenden Wertzuweisung natürlicher Entitäten (Ott et al. 2016: 12 f.).

6.4.1 Pathozentrismus/Sentientismus

Da der Verlust und die Zerstörung von Wildnisgebieten folglich auch Auswirkungen auf die dort vorkommenden Arten hat, ist der Pathozentrismus ein wesentlicher Bestandteil der physiozentrischen Argumentationsbasis. Die Argumente beziehen sich hierbei nicht zwangsläufig und ausschließlich auf das Tierreich, da Forscher möglicherweise auch einige Pflanzenarten für sentient halten (Krebs 2016: 157).

Bei einer Betrachtung von Bildern der Lebensraumzerstörung und dem damit einhergehendem Leid, der hierauf angewiesenen Arten, reagiert ein Großteil der Bevölkerung mit Trauer und Bestürzung. Genauso verhält es sich bei dem Anblick von gequälten Tieren in der Massentierhaltung. Warum also wird bei einer anderen Spezies, oder, wie wir sie irreführend nennen, bei Tieren, nicht das Prinzip der Gleichheit angewandt (Singer 1997: 14)?

Sind es die äußerlichen Unterschiede, die uns zu einer so großen Differenzierung zwischen Mensch und Tier bringen oder möglicherweise die Fähigkeit wie wir zu denken und zu kommunizieren? Vielleicht vertritt bereits ein Teil der menschlichen Bevölkerung die Auffassung, dass Tiere einen gewissen Eigenwert besitzen, aber einen geringeren als der Mensch. Ein Versuch diese Sichtweise vernunftgemäß zu begründen wird allerdings scheitern. Sollten die Argumente eines weniger ausgeprägten Verstandes oder eines Mangels an Logik ausschlaggebend sein, so muss dies doch auch auf Menschen bezogen werden, die im Vergleich zu einem gesunden Menschen ähnliche Missstände aufweisen. Unterentwickelten Kindern oder geistig eingeschränkten Personen wird schließlich auch ein gleichwertiger moralischer Wert zugesprochen. Des Weiteren haben Neugeborene oder Säuglinge Studien zufolge ein geringeres Bewusstsein als Hunde. Aber würden wir auf den Gedanken kommen ein Neugeborenes anstelle von Tieren in der Hirnforschung einzusetzen oder das Leben zu opfern für unsere Vorliebe nach einem besonderen Gericht (Regan 1986: 38 f.)?

Keine der dargestellten Handlungsweisen dient zu mehr, als unserer geschmacklichen Hinneigung oder unserem generellen Vorzug gegenüber den Tieren. Dadurch wird deutlich, dass wir unsere trivialen Interessen den bedeutsamsten anderer überordnen (Singer 1997: 13 f.). Aber auch, wenn dem nicht so wäre und Tiere bewiesenermaßen ein geringeres Bewusstsein als wir Menschen hätten, würde das etwas ändern? Nach der pathozentrischen Ethik sind wir allen Mitgeschöpfen, die dazu in der Lage sind leid zu empfinden moralischen Respekt schuldig. Frei nach Jeremy Bentham sollten wir also nicht die Frage stellen ob Tiere sprechen oder denken können, sondern: Können sie leiden (Piechocki 2010: 199, Bentham 2005)?

Darüber hinaus wird das Tier im Tierschutzgesetz als „Mitgeschöpf" bezeichnet. Ein Wort, dass durch ein gemeinschaftliches Leben gekennzeichnet ist und den Lebensraum mit dem Menschen teilt. Dieses Wort allein schon steht in einem starken Widerspruch zu der Anwendung des Gesetzes. Das Tierschutzgesetz, ein als moralische Vereinbarung zwischen Mensch und Tier aufgesetztes Schreiben, lässt sich also eher als anthropozentrischer Anhaltspunkt zu einem fachgerechten Töten von

Tieren betrachten (Hirt 2016, Wolf 1997: 49 f., Precht 2016). Eine weitere Frage bei der Empfindung des Leidens ist, ob die Moral auf alle Tiere zu beziehen ist oder nur auf die, die uns in unserer Entwicklung und dem äußeren Erscheinungsbild am nächsten sind. Hierbei denken die meisten wahrscheinlich an Säugetiere, Vögel und vielleicht auch noch an höhere Wirbeltiere. Bei Tieren die diesem Erscheinungsbild nicht entsprechen und uns im Körperaufbau völlig fremd sind, fällt es schwerer sich vorzustellen, dass diese in einer ausgeprägten Weise fühlen und Schmerz empfinden können. Wenn wir aber unsere Moral auf leidfähige Wesen beziehen möchten, sollte es nicht ausschlaggebend sein, ob diese unserem Erscheinungsbild ähneln oder in uns gewisse Sympathien wecken. Ein Vorhandensein von Leidensfähigkeiten lässt sich allerdings nicht nur durch äußerlich erkennbares Leiden deuten, sondern beispielsweise auch durch ein Fliehen oder Ausweichen vor Situationen, bei denen das Tier in vorherigen Gegebenheiten einen Schaden davontrug (Wolf 1997: 63 f.). Tiere zeigen zudem Formen des Leidens bei einem Mangel an Nahrung, dem Fehlen eines Zufluchtsortes oder auch bei einem fehlenden Kontakt mit Artgenossen. Ob die Selbstreflexion bei einigen Tieren soweit ausgeprägt ist wie beim Menschen lässt sich bestreiten. So wird oft argumentiert, dass der Mensch aufgrund dessen mehr Leiden erfährt als ein Tier. Allerdings macht genau diese ausgeprägte Logik das Empfinden des Schmerzes leichter. Menschen wissen, dass der Schmerz zeitlich begrenzt ist und unter Umständen auch bekämpft werden kann. Zudem wissen wir, dass Schmerz manchmal nötig ist um ein noch größeres Leid zu verhindern und der Tod am Ende der Qualen eintreten kann (Teutsch 1985: 84). Verfechter einer hierarchischen Auffassung, nach der der Mensch ungeachtet dessen einen höheren moralischen Wert hat und als einzige Spezies in der Lage ist zu empfinden, bewegen sich in eine Richtung der Klassenbildung. Diese Bevorzugung von Artgenossen erscheint willkürlich, egoistisch und mitunter sogar speziesistisch (von lat. *spezies*: Art). Nach dem Speziesismus steht der Mensch moralisch allein wegen seiner Artzugehörigkeit über allen anderen Lebewesen und kann diese nach seinem Belieben behandeln. Diese Bevorzugung von Artgenossen ist nach Umweltethikern wie Peter Singer und Paul Taylor genauso abzulehnen wie der Rassismus oder Sexismus in der Welt des Menschen. Diese unbegründete Privilegierung nach der häufig damit argumentiert wird, dass Menschen prinzipiell einen höheren Wert als andere Arten haben, da sie über bestimmte Fähigkeiten oder Eigenschaften verfügen, lässt sich nicht überzeugend begründen. Eine Begünstigung der eigenen Spezies durch einen subjektiven herausragenden Wert kommt einem Vorzug der wohlhabenden Bevölkerung nahe, der durch einen Club von Millionären bestimmt wurde. Der Mensch sollte also unser grundlegendes Prinzip von Gleichberechtigung und Rücksichtnahme für unsere eigene Spezies auch auf andere Spezies anwenden. Frei nach Henry Sidgwick „Das gute Leben irgendeines Individuums hat vom Standpunkt des Universums nicht mehr Bedeutung als das gute Leben eines jeden anderen". Wenn also jemand, der kerngesund ist, eine höhere Intelligenz aufweist oder in unserer Gesellschaft wirtschaftlich erfolgreich ist, nicht berechtigt ist einen kranken, weniger erfolgreichen und armen Menschen für seine Zwecke zu benutzen, warum kann er dann nichtmenschliche Wesen für seine persönlichen Bedürfnisse ausnutzen (Singer 1997: 24 f., Ott 2010: 132-135)?

Das Wohlergehen der Tiere ist bei allen Maßnahmen mit einzubeziehen. Ein Handeln auf Kosten derer um unsere eigenen Lebensbedingungen zu verbessern muss ausgeschlossen werden. Primär ist der Mensch dazu verpflichtet eine weitere Zerstörung von Lebensräumen zu unterlassen und den Tieren in keiner Weise bewusst Leid zuzufügen (Teutsch 1985: 83 f.).

Denn auch leidensfähige Tiere oder andere Lebewesen sind dazu in der Lage im positiven wie auch negativen zu empfinden, wonach wir moralisch dazu verpflichtet sind unser Empathievermögen auf andere Arten auszudehnen (Regan 1986: 28 f.).

6.4.2 Biozentrismus

Wäre der einzelne Mensch allein auf der Welt, so könnte er nach Belieben seine Absichten und Ziele verfolgen, ohne Rücksicht auf andere zu nehmen. Seien es nun andere Menschen, Tiere oder Pflanzen. Aufgrund der minimalen ökologischen Einflüsse wäre er in keiner Weise dazu verpflichtet gegenüber anderen moralisch zu handeln. Es gäbe keine Moral und folglich auch keine Ethik (von der Pfordten 2000: 41 f.).

Definitionsgemäß verstehen wir unter den Begriffen der Ethik und der Moral das sittliche Verhalten des Menschen und dessen Begründungen. Hierbei geht es nicht nur um unser eigenes Wohl, sondern auch um das unserer Mitmenschen und unserer Umwelt. Für einige endet dieses Zusammengehörigkeitsgefühl bei ihrer Familie, ihren engsten Freunden oder Verwandten. Fremde Menschen lösen weit weniger Mitgefühl aus und wenn es darum geht Tieren oder gar allen lebenden Wesen ein solches entgegenzubringen ist es nur noch in sehr geringem Maße vorhanden. Im Biozentrismus wird der Kreis unserer ethischen Rolle vergrößert und nicht nur Menschen, sondern auch anderen Lebewesen ein eigener Wert zugeschrieben (Schweitzer 1962). Nach Paul Taylors biozentrischer Position wird allen lebenden Wesen ein moralischer Status zugeschrieben, wonach die Menschen als Mitglieder

der Lebensgemeinschaft der Erde betrachtet werden und der sie aufgrund derselben Bestimmungen angehören wie alle Mitglieder nicht-menschlichen Ursprungs. Hiernach schreibt das Prinzip der Moral die Berücksichtigung jedes individuellen Lebewesens vor, da es eine Entität mit eigenem Wohl und Interesse darstellt (Attfield 1997: 119-122, Taylor 1997: 113 f.). Da der einzelne Mensch nicht allein auf dieser Welt lebt, darf er andere nicht verletzen oder töten oder in sonstiger Weise Leid zukommen lassen. Er erfährt diese Grundsätze der Ethik gleichermaßen durch das Handeln seiner Mitmenschen und hat sich selber dementsprechend zu verhalten. Wie sieht es aber aus, wenn dieses Verhältnis zwischen handelndem Menschen und den *Anderen* auf die nichtmenschliche Natur bezogen ist (von der Pfordten 2000: 42 f.)?

Die Biozentrik geht also noch einen Schritt weiter als der Pathozentrismus. Hier wird nicht nur leidfähigen Lebewesen ein Selbstwert zugeschrieben, sondern allen Lebewesen, beispielsweise auch Pflanzen. Demzufolge sind alle Lebewesen, die ein Interesse an der Erhaltung und Ausdehnung ihres Lebens haben moralisch in gleichem Maße zu berücksichtigen (Teutsch 1985: 17). Nach Paul Taylor werden die Menschen als Mitglieder der Lebensgemeinschaft der Erde betrachtet, zu der sie aufgrund derselben Bestimmungen angehören wie alle nicht-menschlichen Mitglieder. Somit verdienen alle wildlebenden Wesen moralische Berücksichtigung und Sorge aller moralisch Handelnden allein, weil sie Mitglieder der Lebensgemeinschaft der Erde sind (Taylor 1997: 111 f.). Besonders bei Pflanzen stößt dies oft auf Unverständnis, da ein Lebewesen ohne Empfindung und Bewusstsein keine Interessen entwickeln kann. Dabei ist kein konkreter Grund erkennbar warum Menschen nicht auch gegenüber nichtempfindungsfähigen Lebewesen Empathie zeigen sollten. Zeigt sich nicht das Interesse einer Pflanze durch das Bestreben nach einem bestmöglichen Wohlergehen, wenn sie sich zu der Sonne ausrichtet? Dieses Interesse nach dem „Wohl" unterscheidet sich nicht grundlegend von einem Interesse nach positiven Empfindungen bei uns Menschen, wenn wir uns an einem sonnigen Tag im Park aufhalten (von der Pfordten 2000: 48). Eine Rechtfertigung des moralischen Status für alle lebenden Wesen lässt sich also durchaus begründen. Zum anderen durch das Argument der Analogie. Da allen menschlichen Wesen ein moralischer Status zugesprochen wird und nicht nur einigen Bevorzugten, könnte man damit argumentieren, dass aufgrund der wesentlichen Ähnlichkeiten zwischen den Menschen und nicht-menschlichen Lebewesen generell allen Lebewesen dieser Status zugesprochen werden sollte. Also auch Lebewesen, die nicht über die Fähigkeiten verfügen, die oft nur den Menschen zugesprochen werden.

Rationalität, Selbstbewusstsein und Fähigkeiten zum moralischen Handeln. Wenn wir dies bei unseren Mitmenschen als selbstverständlich hinnehmen wieso dann nicht bei nicht-menschlichen Wesen, die mit uns teilweise eine neunundneunzigprozentige genetische Übereinstimmung haben? Denn wenn den Menschen ihr moralischer Status nicht aufgrund der Zugehörigkeit ihrer Gattung zugewiesen wird, muss davon ausgegangen werden, dass die Begründungen durch bestimmte Merkmale oder qualitative Fähigkeiten bestimmt werden. Wenn dem so wäre müsste auf Grund der Fähigkeit ein Interesse zu entwickeln oder Schmerz zu empfinden ebenfalls allen nicht-menschlichen Wesen ein moralischer Status zugesprochen werden (Attfield 1997: 117 f.).

Schon heute besteht in vielen Fällen eine Empathie gegenüber nichtempfindungsfähigen Lebewesen, die uns vielleicht nur nicht direkt bewusst sind. So ärgern wir uns beispielsweise darüber, wenn Kinder ein Blumenbeet zertrampeln oder wenn ein Baum gefällt wird. Den Pflanzen fehlt vielleicht das Element der Leidempfindung, allerdings wird hierdurch das Interesse nach Wohlergehen nicht aufgehoben, sondern nur verringert. Denn selbst wenn die Leidempfindung nicht vorhanden ist, so streben Pflanzen doch stets danach ihre Lebensgrundlagen aufrecht zu erhalten, da sie ohne diese, im Gegensatz zu einer Maschine nicht weiter existieren könnten (von der Pfordten 2000: 49 f.).

Ein weiteres Argument für eine Berücksichtigung von nichtempfindungsfähigen Lebewesen ist auf die Nachsicht mit irreversibel komatösen Menschen bezogen. Wenn Pflanzen also keine Interessen anerkannt werden, so dürfte konsequenter Weise auch diesen Menschen keine Interessenbekundung oder leidfähiges Bewusstsein mehr zugeschrieben werden dürfen. Hier können nur noch die früheren Interessen oder die der Angehörigen moralisch berücksichtigt werden. Eine Aberkennung des Eigenwertes dieser Menschen ist allerdings anhand der aktuellen monatelangen Pflege für einen Großteil der Bevölkerung unvorstellbar (von der Pfordten 2000: 55 f.). Denn schließlich haben diese Menschen, selbst wenn es in einigen Fällen besser wäre ihr Leben ginge zu Ende, weiterhin alle zur Lebenserhaltung notwendigen Interessen und Fähigkeiten. Da also solche Menschen einen moralischen Status innehaben, müsste dasselbe auch für alle anderen Lebewesen gelten, die Interessen und Fähigkeiten zur Lebenserhaltung vorweisen. Hierbei sind folglich nicht nur Wesen zu berücksichtigen, die zu bewussten Erfahrungen fähig sind, sondern auch diejenigen, bei denen diese Fähigkeiten zur Lebenserhaltung, wie Nahrungsaufnahme und Wachstum nachgewiesen werden können (Attfield 1997: 117 f.). Nun könnte dieses Argument bestritten werden dadurch, dass nichtmenschliche Wesen nur mit schwer Kranken oder geistig beeinträchtigten Menschen verglichen werden können und hierin der einzige Grund liege. Zudem würde auf menschlicher, wie auch auf nicht-menschlicher Seite eine Form der Diskriminierung auftreten, wonach die nicht-menschlichen Wesen mit behinderten Menschen verglichen werden, als ob sie keine eigenen Fähigkeiten hätten und wiederum die Menschen auf eine Ebene mit den Pflanzen gestellt werden. Eine wesentliche Fundierung des Arguments liegt aber darin, dass lebende Wesen, im Gegensatz zu irreversibel komatösen Menschen, weiterhin fähig sind ein ihrer Art angemessenes Leben zu führen. Hierin liegt der Grund warum nicht-menschliche Wesen nicht einfach als ein Objekt betrachtet werden sollten, welches den moralischen Status eines gesunden Menschen niemals erreichen kann. Auf diese Weise, durch das Streben der Fähigkeit nach einem der Art entsprechend angemessenen Leben, werden zudem erneut Gemeinsamkeiten zwischen Menschen und anderen Lebewesen deutlich. Die Fähigkeit ein angemessenes Leben zu führen, dass der eigenen Art entspricht, ist eine ausreichende Bedingung dafür, Interessen und das Streben nach Wohlergehen zu haben. Anhand dieses Analogiearguments haben auch nicht-menschliche Wesen moralische Achtung verdient, da sie den Menschen in dieser Hinsicht sehr nahe sind (von der Pfordten 2000: 56 f., Attfield 1997: 117 f.). So haben auch bewusstseinsunfähige Lebewesen Interessen, die Ihnen nicht bewusst oder nicht mehr bewusst sind, wobei eine Missachtung dieser Interessen trotzdem nicht erlaubt ist. Da die Interessen einer Pflanze nach einer Fortführung des Lebens, genauso vorhanden sind wie die eines irreversibel komatösen Menschen ist es kaum einsichtig, warum die Strebung nach Wohlergehen nur auf einer Seite Berücksichtigung finden sollte. Des Weiteren wird oft argumentiert, dass es für eine Berücksichtigung von Lebewesen ohne Empfindungsfähigkeit keine relevanteren Gründe gibt, als für eine Berücksichtigung von Lebewesen mit Empfindungsfähigkeit. Da aber physikalische Einflüsse, wie etwa Empfindungsfähigkeit, auf ein Lebewesen nicht als Basis für eine ethische Berücksichtigung gelten, sind Interessen oder bewusste Intentionen nach Wohl mit einzubeziehen. So sind gleiche Verhaltensweisen bei höheren Wirbeltieren genauso zu berücksichtigen wie bei Vögeln oder Pflanzen. Nach von der Pfordten haben somit alle Lebewesen eine ethische Berücksichtigung verdient (von der Pfordten 2000: 57 f.). Auch Albert Schweitzer vertritt eine ähnliche These, wonach es keinen Unterschied zwischen wertvollen und weniger wertvollem Leben gibt. Eine solche Wertunterscheidung läuft nach Schweitzer darauf hinaus, die Lebewesen nach unserem Empfinden ihnen gegenüber kategorisch einzustufen. In seiner „Ehrfurcht vor dem Leben" gibt es eine solche Hierarchie nicht. Schweitzer räumt hier ein, dass es mitunter notwendig ist

Leben zu opfern, um andere die bedroht sind zu retten. Andererseits wird von einer willkürlichen Tat gesprochen, wenn man beispielsweise einen aus dem Nest gefallenen Vogel rettet, indem hierfür kleinere Lebewesen getötet werden. Es liegt somit an den Handlungen eines jeden einzelnen von uns, ob das Töten eines Lebewesens einer unvermeidlichen Notwendigkeit nachkommt oder ob wir unsere meist nicht lebensnotwendigen Ansprüche den Grundlegendsten anderer Lebewesen überordnen (Schweitzer 1962).

6.4.3 Ökozentrismus

Im Ökozentrismus (von griech. *oikos*: Haus) wird der gesamten Natur mit all ihren Bestandteilen, egal ob unbelebt oder belebt, ein eigener Wert zugesprochen (Piechocki 2010: 216 f.). Hiermit ist die Ökosphäre als Ganzes gemeint, in die Individuen, Spezies und Populationen eingeschlossen werden, genauso wie nichtmenschliche und menschliche Kulturen. Sämtliche ökologischen Prozesse sollen intakt und die gesamte Umwelt natürlich bleiben (Naess 1997: 188 f.). Bedeutende Vertreter des Ökozentrismus sind besonders Arne Naess (1912-2009) und Aldo Leopold (1887-1948). Für Leopold waren nicht nur Tiere und Pflanzen lebendig, sondern auch ganze Ökosysteme mitsamt ihren Bergen und Flüssen. Die gesamte Erde stellte für ihn einen lebenden Organismus dar, dem die Menschen durch mehr Zurückhaltung Respekt zu erweisen hatten (Piechocki 2010: 214). Da in Umweltschutzdebatten meist zu einem großen Teil anthropozentrisch argumentiert wird, wonach Eingriffe in die Natur gerechtfertigt sind, solange die menschliche Gesundheit und das menschliche Wohlempfinden nicht beeinträchtigt werden, ist eine neue Ethik notwendig, die die Harmonie von Mensch und Natur in den Vordergrund stellt. Eine solche Harmonie ist erforderlich, da auch das Überleben der menschlichen Spezies von den Gegebenheiten der natürlichen Welt abhängt. Entgegen der vielleicht bereits hier eingebrachten Zweifel einer solchen Ethik ist zu sagen, dass diese wesentlich effektiver wäre, insofern die Leute, die diese in die Praxis umsetzten auch an die Gültigkeit glauben würden und nicht ausschließlich auf die Nützlichkeit menschlicher Interessen achten würden. Nach Naess haben die Menschen kein Recht, den Reichtum und die Vielfalt der Natur unabhängig von ihren lebensnotwendigen Bedürfnissen zu beeinträchtigen. Komplexität und Symbiose verschiedener Arten sind ausschlaggebende Bedingungen für eine Maximierung von Vielfalt. Hierzu gehören auch besonders sogenannte niedere Spezies von Tieren und Pflanzen. Auch diese haben einen Wert an sich und sind nicht bloß die Vorstufen sogenannter höherer Spezies. Die gegenwärtigen menschlichen Eingriffe in die Natur sind mit verheerenden Ausmaßen verbunden und verschlechtern sich noch immer stetig. Hiermit ist nicht gemeint, dass der Mensch nicht auch wie andere Spezies die Ökosysteme modifizieren darf, aber Menschen haben die Erde durch ihre Vorherrschaft, im Vergleich evolutionärer Entwicklungen, geprägt wie es mit keiner anderen Art zu vergleichen ist. Da Menschen dies vermutlich auch weiterhin tun werden, steht nicht das Ob zur Debatte, sondern das Ausmaß dieser Eingriffe. Eine Erhaltung und Ausdehnung von potenziellen und vorhandenen Wildnisgebieten sollte von größter Priorität sein. Hierbei sollte auch besonders auf natürliche ökologische Funktionen dieser Räume geachtet werden, da große naturbelassene Gebiete für die Biosphäre dringend notwendig sind. Auch für weitere evolutionäre Herausbildungen verschiedener Arten muss diesen genügend Raum und ursprüngliche Natur geboten werden. Bereits jetzt sind die meisten der vorhandenen Wildnisgebiete nicht von ausreichender Größe, um eine solche Entwicklung zu ermöglichen. Ähnlich verhält es sich mit den natürlichen Ressourcen. Denn auch hierbei liegt das Hauptaugenmerk noch immer auf dem Nutzen für den Menschen, besonders für die ohnehin schon größtenteils im Überfluss lebenden westlichen Gesellschaften. Hierbei wird auch aktuell noch zu sehr darauf vertraut, dass die natürlichen Ressourcen nicht erschöpfen und sobald sie seltener geworden sind im Zuge des technischen Fortschritts Ersatz für sie gefunden wird (Naess 1997: 182 f.). Nichts in der Natur sollte als bloße Ressource betrachtet werden, weshalb auch bei Tieren und Pflanzen Rücksicht auf die für sie existenziellen Mittel genommen werden muss. Wenn nicht lebensnotwendige Bedürfnisse mit den lebensnotwendigen anderer Spezies in Konflikt geraten, muss der Mensch lernen nachzugeben. Was hierbei fehlt ist ein ausgeprägteres Bewusstsein und eine Infragestellung der Handlungen. Landschaften, Flüsse und ganze Ökosystem werden zerstört, da diese als das Eigentum und nutzbare Ressource von Staaten betrachtet werden. Ökologische und auch soziale Folgen bleiben größtenteils unberücksichtigt. Der Ökozentrismus kann durchaus die praktische Wirksamkeit des Anthropozentrismus aufnehmen. Für die Erhaltung ursprünglicher Natur ist es von immenser Bedeutung, dass diese für die Interessen und Ansichten der Menschen als existenziell angesehen wird. Sämtliche Teile der Bevölkerung, vom Staatsoberhaupt bis zu Bürgern ländlicher Gemeinden, werden noch immer am ehesten den Schutz der Natur fordern, wenn sie erkennen, dass ihre Grundbedürfnisse zum Leben in Gefahr sind (Naess 1997: 197).

Mit Hinblick auf die Ökosysteme, ist das ressourcenintensive Wirtschaftsmodell der Industrieländer aber auch für das Überleben der Menschheit von enormer Bedeutung. Hinsichtlich der negativen Folgen für die Umwelt ist das aktuelle

Wachstumsmodell auf Dauer ökologisch, wirtschaftlich und sozial nicht aufrechtzuerhalten, wodurch auch die ökozentrische Argumentation mit der anthropozentrischen Argumentation zusammenhängt. Daher ist es für die Erhaltung der Umwelt von enormer Bedeutung, dass sie für menschliche Interessen und Absichten als wesentlich angesehen wird. Ein Schutz wilder Natur, in dem nicht nur Tiere und Pflanzen, sondern ganze Ökosysteme berücksichtigt werden, wirkt sich auf Dauer nicht nur positiv auf die dort vorkommenden Arten aus, sondern auch auf die Dienstleistungen, die wir aus den Ökosystemen ziehen und die für unser Wohlbefinden und Überleben existenziell sind (Naess 1997: 186 f., Weisman 2014).

6.4.4 Holismus

Die von vielen Naturschutzbehörden und Verbänden oft vorrangig angeführten anthropozentrischen Argumente sind meist nicht in der Lage die drei Kernelemente eines Schutzes von Wildnis zu rechtfertigen: Ergebnisoffenheit, Konsequenz und Vorrangigkeit. Nur unter der Berücksichtigung eines Selbstwertes der gesamten Natur, den eine holistische Umweltethik fordert, lassen sich diese Ziele erreichen. Eine Bedeutung von Wildnis für das menschliche Wohlergehen reicht von der Aufrechterhaltung ökologischer Systemfunktionen bis hin zu einem moralisch guten Leben. Dennoch kann bei genauerem Hinsehen damit argumentiert werden, dass eine Begründung mit rein menschlichen Interessen nicht immer und überall zu den erwarteten Zielen führt (Gorke 2006: 88 f.).

Für eine moralische Berücksichtigung galt es in der Geschichte der Ethik ein empirisches Kriterium vorzuweisen, anhand dessen ein Wesen eine moralische Berücksichtigung erlangen konnte. Es musste also eine bestimmte Eigenschaft nachgewiesen werden, um in der Gesellschaft moralische Rücksichtnahme zu erfahren. Hierfür gab es eine Vielzahl an Kriterien, die vorgeschlagen wurden: „Weißer Europäer", „Mensch" oder „schmerzempfindliches Lebewesen". Beachtlich ist hierbei, dass die betreffenden Ethiker stets der Überzeugung waren, dass *ihre* Festlegung, im Gegensatz zu sämtlichen anderen, einer rationalen Begründung standhielt. Dabei zeigt sich, dass zumindest die ersten beiden Kriterienvorschläge heutzutage als Rassismus und Speziesismus bezeichnet und zurückgewiesen werden könnten. Daher stellt sich die Frage, ob es überhaupt gerechtfertigt ist eine moralische Berücksichtigung von empirischen Eigenschaften abhängig zu machen? Grundgedanke einer Begründung holistischer Ansätze ist daher der Begriff der Moral. Eine Moral, bei der bestimmte natürliche Entitäten von vornherein aus der Moralgemeinschaft ausgeschlossen werden, wie es beim Anthropozentrismus, Physiozentrismus und

Biozentrismus der Fall ist, ist keine konsequente Moral. Vertreter dieser Ansätze werden hiergegen natürlich Einspruch erheben und argumentieren, dass ihr Ausschluss bestimmter Teile der Natur keineswegs willkürlich geschieht, sondern allein auf rational und objektiv feststellbaren Gegebenheiten basiert. Da der Begriff der Moral aber universal ist, ist es die Aufgabe dieser umweltethischen Ansätze zu begründen warum welche natürlichen Entitäten moralische Berücksichtigung finden sollen und andere nicht. Diese Begründungslast hat der Holismus nicht. Nach der holistischen Ethik wird jeder Person eine Pflicht auferlegt alles Existierende um seiner selbst willen zu schützen und Eingriffe in die Natur auf ein Minimum zu begrenzen (Gorke 2000: 92 f., Ott 2010: 134).

Gerade am Schutz von Wildnis lässt sich entgegen häufiger Einwände zudem demonstrieren, dass auf eine Vielzahl natürlicher Wesen moralisch Rücksicht genommen werden kann. Besonders Vertreter der Anthropozentrik behaupten nämlich oft, dass die holistische Ethik Entscheidungen unmöglich mache, da nicht auf die gesamte Natur Rücksicht genommen werden kann. Dabei kann der Stellenwert, der dem Schutz von Wildnis in der holistischen Ethik zukommt, eindeutiger beantwortet werden als in der anthropozentrischen Ethik. Wildnisschutz ist in der Anthpozentrik nur eine unter vielen Optionen und die Zahl der Befürworter kann stark variieren, wohingegen ihm im Holismus grundsätzlicher Vorrang zugesprochen wird. So fehlt beispielsweise bei der Entscheidung zwischen der Ausweisung eines Wildnisgebietes und der einer Gebietspflege der moralische Grund für eine Argumentation des letzteren.

Gorke vertritt also - zumindest auf erster Ebene – hinsichtlich des Selbstwertes eine *egalitäre*, *absolute* Moralkonzeption aller natürlichen Entitäten. Eine Hierarchisierung der Selbstwerte in Höher- und Minderwertigkeit wird abgelehnt (Dierks 2016b: 180, Gorke 2010, 152-154, 164 f.). Eine solche Sichtweise besagt jedoch *nicht*, dass es zwischen einer Vielfalt der Wesen nicht auch Differenzierungen und Unterschiede hinsichtlich der Gewichtung von Geboten und Verboten gibt: „Das Zermahlen eines Kieselsteins ist nicht von gleicher moralischer Signifikanz wie die Tötung eines Fischotters. Beides sind zwar gleichermaßen Formen einer prinzipiell rechtfertigungspflichtigen Instrumentalisierung, aber Ausmaß und Qualität der dabei verursachten Zerstörungen sind unterschiedlich" (Gorke 2000: 94) Jedoch dürfte es allgemein einsichtig sein, dass Handlungsweisen, die zu Lasten der Natur führen, umso weniger zu entschuldigen sind, je weniger sich hierbei auf menschliche Grundbedürfnisse und existentielle Notwendigkeit berufen werden kann (Gorke 2006: 100, Dierks 2016: 180). Zusätzlich verschließt die egalitaristische

Sichtweise aber keineswegs die Augen davor, dass unser eigenes Leben ohne die Schädigung oder Beeinträchtigung von anderen Lebewesen und ohne eine Instrumentalisierung derer unmöglich ist. Eine solche Sichtweise würde der im Holismus geforderten moralischen Achtung gegenüber der eigenen Person widersprechen. Hierbei sollte sich aber generell auf das *Prinzip der Verhältnismäßigkeit* berufen werden, nach dem *randständigen* Bedürfnissen gegenüber *existenziellen* Bedürfnissen kein Vorrang eingeräumt werden darf. Da menschliches Überleben ohne die Schädigung anderer Wesen und unserer Umwelt nicht möglich ist, schlägt Gorke *vier Vorrangregeln* vor (Gorke 2010: 169 ff.), die sich an Paul Taylor orientieren: das Prinzip der Selbstverteidigung, das der Verhältnismäßigkeit, das des kleinsten moralischen Übels und das der Verteilungsgerechtigkeit. Folglich geht es auf der *relativen Ebene* der Umweltethik stets darum, die Schuld der eigenen Person gegenüber der Natur möglichst gering zu halten. Jede Art eines Eingriffes in die Natur muss überprüft werden, ob dieser nicht auch unterbleiben oder zumindest auf eine schonendere Art ausgeführt werden könnte (Dierks 2016: 180).

Nach Martin Gorke (2000: 93) könnte also bezüglich der Rücksicht auf *anderes* der Kategorische Imperativ, wie ihn Immanuel Kant 1788 formulierte, folgendermaßen erweitert bzw. ausführlicher ausgedrückt werden: „Du kannst als Handelnder um des eigenen Lebens und Überlebens willen zwar nicht umhin, andere Wesen und Gesamtsysteme immer wieder für deine Zwecke zu instrumentalisieren, aber tue dies wenigstens so wenig und so schonend wie möglich!"

7 Schlussbetrachtung

Zusammenfassend ist eine klare Positionierung weder zum Pro noch zum Contra möglich. In Anbetracht der gegenwärtigen ökologischen Zustände unserer Umwelt, insbesondere in den dicht besiedelten Ländern Mitteleuropas, ist jedoch abzusehen, dass die heutigen Naturveränderungen dramatische Folgen haben werden. Maßgeblichen Anteil hieran hat auch der immer weiter zunehmende Verlust von Wildnis. Fast die Hälfte der globalen Landfläche, abzüglich der Eisflächen, werden bereits heute landwirtschaftlich genutzt. Hinzu kommen Städte, Flughäfen, Autobahnen, Fabriken und knapp 7,5 Milliarden Menschen. Nun geht hierbei das Problem der starken Besiedlung mit dem Verlust ursprünglicher Natur einher. Da aber der Schutz von Wildnis am ehesten mit einer ökozentrischen oder holistischen Argumentation zu rechtfertigen ist und hierbei auch dem Menschen ein Selbstwert zugesprochen wird, lassen sich Ziele und Maßnahmen nur durch eine detaillierte Auseinandersetzung der Problemstellungen auf anthropozentrischer und physiozentrischer Ebene lösen. Vielmehr ist eine interdisziplinäre Analyse der jeweiligen Situationen anzuraten, bei der die in dieser Arbeit dargelegten Argumente als Hilfestellung dienen können. Selbst überzeugte Naturschützer sollten hierbei aber nicht stur auf einer rein positiven Einstellung zu Wildnis beharren, da besonders in Bezug auf ein Erreichen der Klimaziele eine nachhaltige Bewirtschaftung von Wäldern von enormer Bedeutung ist. Auch durch die Tatsache, dass der Artenschutz von einem Ausbleiben der Bewirtschaftung oft nicht profitiert, zeigt auf, dass eine Umwandlung von Kulturlandschaften zu Wildnis in vielen Fällen nicht die allgemeinen Ziele des Naturschutzes widerspiegelt. Kulturlandschaften, die solchen Zielen entsprechen, sind beispielsweise die Alpenweiden, die Lüneburger Heide oder große Teile des Schwarzwaldes und um Missverständnisse zu vermeiden keineswegs landwirtschaftliche Monokulturen oder größtenteils vom Menschen besiedelte Gebiete.

Aus diesen Gründen ist aus Sicht des Naturschutzes ein ausgeprägteres Bewusstsein des Pro & Contra Wildnis dringend notwendig, um weder primäre Wildnisgebiete noch für den Naturschutz bedeutende Kulturlandschaften zu gefährden.

Quellenverzeichnis

Arbeitsgemeinschaft Rohholzverbraucher e.V. (agr) (2017): http://www.rohholzverbraucher.de/sites/aktuelles_pressemitteilungen.php?kat&id=232&headline=Nationalpark:+Stillgelegt+kann+Wald+kein+Klima+sch%EF%BF%BDtze n (Abgerufen am 26.12.2017).

Attfield, Robin (1997): Biozentrismus, moralischer Status und moralische Signifikanz. In: Birnbacher, Dieter (Hg.): Ökophilosophie. Philipp Reclam Stuttgart: 117-134.

Bätzing, Werner (2015): Zwischen Wildnis und Freizeitpark. Eine Streitschrift zur Zukunft der Alpen. Rotpunktverlag, Zürich.

Bentham, Jeremy (2005): An introduction to the principles of morals and legislation. An authorative ed. By J.H. Burns. Clarendon Press, Oxford.

Birnbacher, Dieter (1988): Verantwortung für zukünftige Generationen. Philipp Reclam Stuttgart.

Birnbacher, Dieter (1998): Utilitaristische Umweltbewertung. In: Theobald, Werner: Integrative Umweltbewertung. Theorie und Beispiele aus der Praxis. Springer-Verlag Berlin Heidelberg GmbH.

Biosphärengebiet Schwäbische Alb (2017): http://biosphaerengebiet-alb.de/index.php/lebensraum-biosphaerengebiet/natur-landschaft/truppenuebungsplatz (Abgerufen am 11.12.2017).

Böhr, Britta (2015): Partizipation und Akzeptanz im Nationalpark Schwarzwald – Bis hierher...und wie weiter? In: Finck, Peter; Klein, Manfred; Riecken, Uwe & Paulsch, Cornelia (Hrsg.): Bundesamt für Naturschutz – Wildnis im Dialog – Wege zu mehr Wildnis in Deutschland. Bonn – Bad Godesberg: 87-98.

Brämer, Rainer (2012): http://www.wanderforschung.de/files/wildnis-oder-ordnung1326218038.pdf (Abgerufen am 14.12.2017).

Bundesamt für Naturschutz (BfN) (2015): Umsetzung des 2 % - Ziels für Wildnisgebiete aus der Nationalen Biodiversitätsstrategie. Bonn – Bad Godesberg.

Bundeszentrale für politische Bildung (bpb) (2017): http://www.bpb.de/gesellschaft/umwelt/dossier-umwelt/76052/natur-landschaft- wildnis?p=all (Abgerufen am 18.12.2017).

CHALKR (2017): https://chalkr.de/free-solo.html (Abgerufen am 27.11.2017).

Cronon, William (1995): The Trouble with Wilderness; or, Getting Back to the Wrong Nature. In: Cronon, William (Hg.): Uncommon ground: rethinking the human place in nature. New York: 69-90.

Deutsche Bibelgesellschaft (2017): https://www.die-bibel.de/bibeln/online-bibeln/lutherbibel-1984/bibeltext/bibelstelle/mt4,1-11/ (Abgerufen am 02.11.2017).

Dierks, Jan (2016a): Ökozentrik. In: Ott, Konrad; Dierks, Jan; Voget-Kleschin, Lieske (Hrsg.): Handbuch Umweltehik. J.B. Metzler, Stuttgart: 169-176.

Dierks, Jan (2016b): Holismus. In: Ott, Konrad; Dierks, Jan; Voget-Kleschin, Lieske (Hrsg.): Handbuch Umweltehik. J.B. Metzler, Stuttgart: 177-182.

Duerr, Hans-Peter (1985): Traumzeit – Über die Grenze zwischen Wildnis und Zivilisation. Suhrkamp, Frankfurt am Main.

Elitzer, Birgit; Ruff, Anne; Trepl, Ludwig & Vicenzotti, Vera (2005): Was sind wilde Tiere? Berichte der ANL 29: 51-60.

Engels, Eve-Marie (2016): Biozentrik. In: Ott, Konrad; Dierks, Jan; Voget-Kleschin, Lieske (Hrsg.): Handbuch Umweltehik. J.B. Metzler, Stuttgart.

Europarc Deutschland (2010): Richtlininen für die Anwendung der IUCN- Managementkategorien für Schutzgebiete, Berlin.

Feinberg, Joel (1996): Die Rechte der Tiere und zukünftiger Generationen. In: Birnbacher, Dieter (Hg.): Ökologie und Ethik. Philipp Reclam Stuttgart: S. 140-179.

Finck, Peter; Klein, Manfred & Riecken, Uwe (2013).: Wildnisgebiete in Deutschland – von der Vision zur Umsetzung. Natur und Landschaft 88 (8): 342-346.

Flügel, Martin (2000): Umweltethik und Umweltpolitik. Eine Analyse der schweizerischen Umweltpolitik aus umweltethischer Perspektive. Academic Press Fribourg.

Frenz, Walter & Müggenborg, Hans-Jürgen (2016): BNatSchG Bundenaturschutzgesetz. Erich Schmidt, Berlin.

Hampicke, Ulrich (2000): Naturschutz-Ökonomie. Eugen Ulmer, Stuttgart.

Hampicke, Ulrich (2013): Kulturlandschaft und Naturschutz. Probleme, Konzepte, Ökonomie. Springer, Wiesbaden.

Hartung, Gerald & Kirchhoff, Thomas (2014).: Welche Natur brauchen wir? Analyse einer anthropologischen Grundproblematik des 21. Jahrhunderts. Karl Alber, Freiburg/München.

Hass, Anne; Hoheisel, Deborah; Kangler, Gisela; Kirchhoff, Thomas; Putzhammer, Simon; Schwarzer, Markus; Vicenzotti, Vera & Voigt, Annette (2012): Sehnsucht nach Wildnis. Aktuelle Bedeutungen der Wildnistypen Berg, Dschungel, Wildfluss und Stadtbrache vor dem Hintergrund einer Ideengeschichte von Wildnis. In: Kirchhoff, Thomas; Vicenzotti, Vera & Voigt, Annette (Hg.): Sehnsucht nach Natur. Über den Drang nach draußen in der heutigen Freizeitkultur. Transcript Bielefeld: 107-142.

Hirt, Almuth; Maisack, Christoph & Moritz, Johanna (2016): TierSchG Tierschutzgesetz; Franz Vahlen, München.

Hoheisel, Deborah; Trepl, Ludwig & Vicenzotti, Vera (2005): Berge und Dschungel als Typen von Wildnis. In: Berichte der ANL 29: S. 42-50.

Gleason, Henry Allan (1926): The Individualistic Concept of the Plant Association. In: Bulletin of the Torrey Botanical Club 53/1: 7-26.

Gorke, Martin (2000): Was spricht für eine holistische Umweltethik? In: Natur und Kultur, Jg. 1/2: 86-105.

Gorke, Martin (2006): Prozessschutz aus Sicht einer holistischen Ethik. In: Natur und Kultur. Jg. 7/1: 88-107.

Gorke, Martin (2010): Eigenwert der Natur. Ethische Begründung und Konsequenzen. S. Hirzel, Stuttgart.

Groh, Ruth & Groh, Dieter (1991): Weltbild und Naturaneignung – Zur Kulturgeschichte der Natur. Suhrkamp, Frankfurt am Main.

Grunewald, Karsten & Bastian, Olaf (2013): Ökosystemdienstleistungen. Konzept, Methoden und Fallbeispiele. Springer, Dresden.

Irrgang, Bernhard (1992): Christliche Umweltethik. Reinhardt, München.

IUCN (International Union for Conservation of Nature) (2017): https://www.iucn.org/theme/protected-areas/about/protected-areas-categories/category-ib-wilderness-area, (Abgerufen am 05.11.2017).

Jonas, Hans (1997): Prinzip Verantwortung. Zur Grundlegung einer Zukunftsethik. In: Krebs, Angelika: Naturethik – Grundtexte der gegenwärtigen tier- und ökoethischen Diskussion. Suhrkamp, Frankfurt am Main: 165-181.

Kangler, Gisela & Vicenzotti, Vera (2007): Stadt. Land. Wildnis. Das Wilde in Naturlandschaft, Kulturlandschaft und Zwischenstadt. In: Bauerochse, Andreas; Haßmann, Henning & Ickerodt, Ulf: Kulturlandschaft. administrativ – digital- touristisch. Erich Schmidt, Berlin: 279-314.

Kangler, Gisela (2009): Von der schrecklichen Waldwildnis zum bedrohten Waldökosystem – Differenzierung von Wildnisbegriffen in der Geschichte des Bayerischen Waldes. In: Kirchhoff, Thomas & Trepl, Ludwig (Hg.): Vieldeutige Natur. Landschaft, Wildnis und Ökosystem als kulturgeschichtliche Phänomene. Transcript, Bielefeld: 263–278.

Kant, Immanuel (1974): Kritik der Urteilskraft. Herausgegeben von Weischedel, Wilehelm. Suhrkamp Taschenbuch, Frankfurt am Main.

Kirchhoff, Thomas (2005): Kultur als individuelles Mensch-Natur-Verhältnis. Herders Theorie kultureller Eigenart und Vielfalt. In: Weingarten, Michael (Hrsg.): Strukturierung von Raum und Landschaft. Konzepte in Ökologie und der Theorie gesellschaftlicher Naturverhältnisse. Westfälisches Dampfboot, Münster: 63-106.

Kirchhoff, Thomas & Trepl, Ludwig (2009): Landschaft, Wildnis, Ökosystem: Zur kulturbedingten Vieldeutigkeit ästhetischer, moralischer und theoretischer Naturauffassungen. Einleitender Überblick. In: Kirchhoff, Thomas & Trepl, Ludwig (Hg.): Vieldeutige Natur. Landschaft, Wildnis und Ökosystem als kulturgeschichtliche Phänomene. Transcript, Bielefeld: 13-66.

Kirchhoff, Thomas (2013): Wildnis. [Version 1.4]. In: Kirchhoff, Thomas (Redaktion):

Naturphilosophische Grundbegriffe. www.naturphilosophie.org (Abgerufen am 14.12.2017).

Kirchhoff, Thomas & Vicenzotti, Vera (2017): Von der Sehnsucht nach Wildnis. In: Kirchhoff, Thomas; Karafyllis, Nicole C.; Evers, Dirk; Falkenburg, Brigitte; Gerhard, Myriam; Hartung, Gerald; Hübner, Jürgen; Köchy, Kristian; Krohs, Ulrich; Potthast, Thomas; Schäfer, Otto; Schiemann, Gregor; Schlette, Magnus; Schulz, Reinhard & Vogelsang, Frank: Naturphilosophie. Ein Lehr- und Studienbuch. Mohr Siebeck Tübingen.

Krebs, Angelika (1996): „Ich würde gern mitunter aus dem Hause tretend ein paar Bäume sehen." Philosophische Überlegungen zum Eigenwert der Natur. In: Nutzinger, H. (Hg.): Naturschutz – Ethik – Ökonomie – Theoretische Begründungen und praktische Konsequenzen. Metropolis, Marburg: 31-48.

Krebs, Angelika (1997): Naturethik im Überblick. In: Krebs, Angelika: Naturethik – Grundtexte der gegenwärtigen tier- und ökoethischen Diskussion. Suhrkamp Frankfurt am Main: 337-380.

Krebs, Angelika (1999): Ethics of Nature. Walter de Gruyter – Berlin – New York.

Krebs, Angelika (2016): Sentientismus. In: Ott, Konrad; Dierks, Jan & Voget-Kleschin, Lieske (Hg.). Handbuch Umweltethik. J.B. Metzler Verlag: 157-160.

Kunz, Werner (2016): Species Conservation in Managed Habitats. The Myth of a Pristine Nature. Wiley-VCH Weinheim.

Lehmann, Albrecht (2001): Mythos deutscher Wald. Waldbewusstsein und Waldwissen in Deutschland. In: Wehling, H.-G. (Hrsg.): Der deutsche Wald. Landeszentrale für politische Bildung Baden-Württemberg: Der Bürger im Staat. 51(1): 4-9.

Mediengruppe Thüringen (2017): http://www.otz.de/web/zgt/leben/detail/-/specific/Anhaltende-Urwald-Diskussion-Artenschutz-ist-oft-Gegenteil-von-Wildnis- 1414142459 (Abgerufen am 28.12.2017).

Mues, Andreas Wilhelm (2015): Was denkt Deutschland über Wildnis – Ergebnisse der Naturbewusstseinsforschung. In: Natur und Landschaft Schwerpunkt: Wildnis, September/Oktober 2015, Verlag W. Kohlhammer, Stuttgart.

Naess, Arne (1997): Die tiefenökologsche Bewegung: Einige philosophische Aspekte. In: Krebs, Angelika: Naturethik – Grundtexte der gegenwärtigen tier- und ökoethischen Diskussion. Suhrkamp, Frankfurt am Main: 182-210.

Nehberg, Rüdiger (1998): Yanonámi. Überleben im Urwald. Piper Verlag, München.

Nehberg, Rüdiger (2002): Überleben ums Verrecken. Das Survival Handbuch. Piper Verlag, München.

Ott, Konrad & Gorke, Martin (Hg.) (2000): Spektrum der Umweltethik; Metropolis Verlag, Marburg.

Ott, Konrad (2004): Begründungen, Ziele und Prioritäten im Naturschutz. In: Fischer, L. (Hg.): Projektionsfläche Natur. Zum Zusammenhang von Naturbildern und gesellschaftlichen Verhältnissen: 277-321.

Ott, Konrad (2010): Umweltethik zur Einführung. Junius Verlag GmbH, Hamburg.

Ott, Konrad (2015): Zur Dimension des Naturschutzes in einer Theorie starker Nachhaltigkeit. Metropolis, Marburg.

Ott, Konrad; Dierks, Jan & Voget-Kleschin, Lieske (Hrsg.) (2016): Handbuch Umweltehik. J.B. Metzler, Stuttgart.

PEFC Deutschland (2017): https://pefc.de/furwaldbesitzer/waldstandard/produktionsfunktion-der-walder (Abgerufen am 26.12.2017).

Piechocki, Reinhard (2010); Landschaft – Heimat – Wildnis. Schutz der Natur – aber welcher und warum? Beck, München.

Piechocki, Reinhard; Wiersbinski, Norbert; Potthast, Thomas & Ott, Konrad (2010): Vilmer Thesen zum „Prozeßschutz" (3. Sommerakademie 2003). In: Piechocki, Reinhard; Ott, Konrad; Potthast, Thomas & Wiersbinski, Norbert (Bearb.): Vilmer Thesen zu Grundfragen des Naturschutzes. Vilmer Sommerakademien 2001-2010, 2010: S. 31- 42.

Pimm, Stuart (2002): Hat die Vielfalt des Lebens eine Zukunft? In: Natur und Kultur 3 (2): 3-33.

Precht, Richard David (2016): Tiere denken. Vom Recht der Tiere und den Grenzen des Menschen. Wilhelm Goldmann, München.

ProHolz Austria (2017): http://www.proholz.at/co2-klima- wald/waldbewirtschaftung/nachhaltige-waldbewirtschaftung/(Abgerufen am 26.12.2017).

Regan, Tom (1986): The Case for Animal RIghts. In: Peter Singer (Hg.) (1985): Defence of Animals, Oxford: 28-47.

Ritter, Joachim (1989): Landschaft. Zur Funktion des Ästhetischen in der modernen Gesellschaft. In: Ritter, Joachim: Subjektivität. Sechs Aufsätze. Suhrkamp: 141-163.

Scherzinger, Wolfgang (1996): Naturschutz im Wald – Qualitätsziele einer dynamischen Waldentwicklung. Ulmer, Stuttgart.

Schlund, Wolfgang, Waldenspuhl, Thomas und Team Seebach (2015): Nationalpark Schwarzwald – der Wildnis auf der Spur. In: Haus der Geschichte Baden-Württemberg in Verbindung mit der Stadt Stuttgart. „Erst stirbt die Natur..." Der Wandel des Umweltbewusstseins; verlag k2regionalkultur: 173-186.

Schmalz, Inkeri; Schulz, Bettina; Sendatzki, Janina; Salbach, Anne; Rausch, Arne & Boger, Luisa (2012): Der Konflikt um den Nationalpark Nordschwarzwald – Eine Analyse der Kommunikationsstrategien beteiligter Konfliktparteien sowie deren Resonanz in der Tagespresse. Universität Hohenheim, Stuttgart.

Schweitzer, Albert (1962): Die Lehre der Ehrfurcht vor dem Leben. Union Verlag Berlin.

SEDAC (2017):http://sedac.ciesin.columbia.edu/data/collection/wildareas-v2/maps/gallery/search (Abgerufen am 13.11.2017).

Seel, Martin (1997): Ästhetische und moralische Anerkennung der Natur. In: Krebs, Angelika: Naturethik – Grundtexte der gegenwärtigen tier- und ökoethischen Diskussion. Suhrkamp Frankfurt am Main: 307-330.

Singer, Peter (1997): Alle Tiere sind gleich. In: Krebs, Angelika: Naturethik – Grundtexte der gegenwärtigen tier- und ökoethischen Diskussion. Suhrkamp Frankfurt am Main: 13-32.

Spektrum der Wissenschaft (2017): http://www.spektrum.de/lexikon/biologie/natuerliche- ressourcen/45469 (Abgerufen am 18.12.2017).

Stuttgarter Zeitung (2017): https://www.stuttgarter-zeitung.de/inhalt.pro-und-kontra-braucht-das-land-einen-nationalpark-im-nordschwarzwald-page2.c9c9c5a4-8640-4c52-912d-58d30cb13a50.html (Abgerufen am 10.12.2017).

Tansley, Arthur George (1935): The Use an Abuse of Vegetational Concepts and Terms. In: Ecology 16/3: 284-307.

Taylor, Paul (1997): Die Ethik der Achtung für die Natur. In: Birnbacher, Dieter: Ökophilosophie, Philipp Reclam Stuttgart: 77-116.

Teutsch, Gotthard (1985): Lexikon der Umweltethik. Patmos Verlag Düsseldorf.

TheAtlantic (2017): https://www.theatlantic.com/magazine/archive/2015/11/the- cliffhanger/407824/ (Abgerufen am 27.11.2017).

Tourismusverband Ostbayern e.V. (2017): https://www.bayerischer-wald.de/Urlaubsthemen/Nationalpark-Naturparke-mehr/Tierwelt/Wolf (Abgerufen am 13.11.2017).

Tourismusverein Villnöss (2017): http://www.villnoess.com/de/dolomitental-villnoess/unesco-welterbe-dolomiten/almen-als-kulturlandschaft/(Abgerufen am 10.12.2017).

Trepl, Ludwig (2012): Die Idee der Landschaft – Eine Kulturgeschichte von der Aufklärung bis zur Ökologiebewegung. Transcript, Bielefeld.

Trommer, Gerhard (1992): Wildnis – die pädagogische Herausforderung. Deutscher StudienVerlag Weinheim.

Umweltbundesamt (2017): http://www.umweltbundesamt.de und Unterseiten (Abgerufen am 16.12.2017).

Unser Nordschwarzwald (2017): http://www.unser-nordschwarzwald.de und Unterseiten (Abgerufen am 07.12.2017).

Vicenzotti, Vera (2011): Der „Zwischenstadt"-Diskurs. Eine Analyse zwischen Wildnis, Kulturlandschaft und Stadt. Transcript, Bielefeld.

von der Pfordten, Dietmar (2000): Eine Ökologische Ethik der Berücksichtigung anderer Lebewesen. In: Ott, Konrad & Gorke, Martin: Spektrum der Umweltethik. Metropolis, Marburg: 41-66.

Vössing, Ansgar (2004): Prozessschutz versus Artenschutz. Managementstrategien im Entwicklungsnationalpark „Unteres Odertal". In: Natrionalpark-Jahrbuch Unteres Odertal (1), 83-88.

Wang, Zhuofei (2016): Naturästhetik. In: Ott, Konrad; Dierks, Jan & Voget-Kleschin, Lieske (Hg.): Handbuch Umweltethik. J.B. Metzler: 142-146.

Weisman, Alan (2014): Countdown. Hat die Erde eine Zukunft? Piper, München. WeltN24GmbH (2017): https://www.welt.de/welt_print/article2506254/Warum-Natur-schoen-ist.html (Aufgerufen am 18.11.2017).

Wolf, Ursula (1997): Haben wir moralische Verpflichtungen gegen Tiere? In: Krebs, Angelika: Naturethik – Grundtexte der gegenwärtigen tier- und ökoethischen Diskussion. Suhrkamp, Frankfurt am Main: 47-75.

Woltering, Manuel (2012): Ökonomische Effekte von Großschutzgebieten. Kosten- und Nutzenaspekte und ihre Relevanz bei der Diskussion um den Gebietsschutz. In: Natur und Landschaft 44 (11). Eugen Ulmer KG, Stuttgart: 325-331.

ZEIT Online (2017a): http://www.zeit.de/2009/43/U-Waldklima/seite-2 (Abgerufen am 26.12.2017) (2017b): http://www.zeit.de/2017/44/kulturlandschaften-menschen-einfluss (Abgerufen am 28.12.2017)